建筑结构设计实战丛书

门式刚架结构实战设计
（第三版）

朗筑结构　张　俊　编

中国建筑工业出版社

图书在版编目（CIP）数据

门式刚架结构实战设计 / 张俊编. -- 3 版.
北京：中国建筑工业出版社，2024.9. --（建筑结构设计实战丛书）. -- ISBN 978-7-112-29994-2
Ⅰ. TU328.04
中国国家版本馆 CIP 数据核字第 2024YB9562 号

本书根据《门式刚架轻型房屋钢结构技术规范》GB 51022、《工程结构通用规范》GB 55001、《建筑与市政工程抗震通用规范》GB 55002 等最新国家标准和软件进行修订，全书共分为 12 章，包括：如何设计一套正确的钢结构施工图，策划厂房结构方案，门式刚架综论，钢结构基础知识，主结构建模及计算分析，围护系统的设计，支撑系统的设计，独立基础的设计，柱脚锚栓的设计，吊车梁的设计，钢结构防护，钢结构的制作、运输、安装与验收。本书简明实用，可读性和可操作性强，可供钢结构设计人员及相关专业在校师生参考使用。

书中未说明的长度单位均为"mm"，标高单位为"m"。

责任编辑：王砾瑶
责任校对：赵　力

建筑结构设计实战丛书
门式刚架结构实战设计（第三版）
朗筑结构　张　俊　编
*
中国建筑工业出版社出版、发行（北京海淀三里河路 9 号）
各地新华书店、建筑书店经销
霸州市顺浩图文科技发展有限公司制版
河北鹏润印刷有限公司印刷
*

开本：787 毫米×1092 毫米　1/16　印张：13　字数：313 千字
2024 年 10 月第三版　　2024 年 10 月第一次印刷
定价：**58.00** 元
ISBN 978-7-112-29994-2
(43117)

版权所有　翻印必究
如有内容及印装质量问题，请与本社读者服务中心联系
电话：(010) 58337283　　QQ：2885381756
(地址：北京海淀三里河路 9 号中国建筑工业出版社 604 室　邮政编码：100037)

第三版前言

现行国家标准《门式刚架轻型房屋钢结构技术规范》GB 51022 自 2016 年 8 月 1 日执行以来，相较于原门式刚架行业技术规程而言，既有与荷载规范及抗震标准等国家规范接轨的众多改变，也充分考虑了门式刚架自身的特点，而且也充分吸收了这些年技术进步带来的变化。此外，新规范也特别强调并且纠正门式刚架设计中的一些常见错误。从总体来说，由规程演变成规范在有些关键地方变化是巨大的，如果掌握不好很可能造成重大设计事故。

本书的特点是简明实用，可读性和可操作性强，既有设计概念、设计要点和受力分析，也有实际施工图绘制，有助于从事钢结构设计人员参照应用，提高设计质量和效率，也可供建筑结构施工图文件审查和大学土木专业师生参考。

本次修订编者按现行国家标准《门式刚架轻型房屋钢结构技术规范》GB 51022、《钢结构设计标准》GB 50017、《建筑钢结构防火技术规范》GB 51249、《工程结构通用规范》GB 55001 及 PKPM 2024 V2.1 的内容进行编写，确保读者学到的是最新的知识，并以一个实际的完整案例进行从头到尾的设计，完全模拟设计院的实战，包括从确定结构方案开始、力的传递分析、建模计算分析及合理性判断，再到施工图绘制，让读者能够从整体了解并掌握钢结构设计内容的方法。在这个过程中，指出一些常见问题，让读者能够避免一些常识性甚至是原则性的错误。

本书共分为 12 章。第 1 章总结钢结构设计存在的主要问题，提出了钢结构设计的正确方法；第 2 章是在建筑图的基础上提出确定结构方案的一般性方法，并且要兼顾经济性，为建模计算分析定下行之有效的结构类型；第 3 章主要是指出了门式刚架的种类及适用范围，并对一些常见的问题进行了解析；第 4 章总结了钢结构设计新手需要掌握的一些钢结构基础知识，包括一些常见的专业术语、焊缝符号及常见钢结构构件；第 5 章以一个实际项目为例，模仿设计院实战流程。从主体结构方案确定到建模计算分析，再到合理性判断及如何出施工图。此外，还进行了很多拓展，让读者在实战设计中更深刻体会结构力学、材料力学及钢结构设计原理对于设计优化的指导作用；第 6、7 章以实际案例对于围护结构及支撑体系的构件进行了计算分析；第 8、9 章对于独立基础及柱脚锚栓进行了设计分析；第 10 章对于吊车梁的设计进行了拓展；第 11、12 章对于钢结构的防火、防护、制作、运输、安装与验收进行了介绍。

本书配套视频联系朗筑客服微信索要，对于本书理解过程中的任何问题，可以加朗筑钢结构设计交流 QQ 群：762261260，更多钢结构学习视频和工具资料可百度搜索"朗筑"，从其官网进入"教学视频"专区和"资料下载"专区进行下载，关注朗筑抖音或视频号可观看直播。

编者于　武汉
2024 年 5 月

目 录

1 如何设计一套正确的钢结构施工图 ············ 1
1.1 钢结构设计的现状以及存在的问题 ············ 1
1.2 钢结构施工图设计的正确方法和流程 ············ 2

2 策划厂房结构方案 ············ 3
2.1 厂房建筑示意图 ············ 3
2.2 厂房结构方案确定 ············ 5
2.2.1 确定厂房结构类型 ············ 5
2.2.2 确定刚架方向与厂房纵横向关系 ············ 5
2.2.3 确定厂房经济柱距 ············ 5
2.2.4 估算钢梁、钢柱截面 ············ 8
2.3 门式刚架计算按三维还是二维 ············ 8
2.4 门式刚架是如何传递横向和纵向水平力的 ············ 10
2.5 钢结构施工图图纸目录 ············ 13

3 门式刚架综论 ············ 14
3.1 门式刚架分类 ············ 14
3.2 门式刚架组成 ············ 14
3.3 《门式刚架轻型房屋钢结构技术规范》的适用范围 ············ 15
3.4 门式刚架常见问题 ············ 15

4 钢结构基础知识 ············ 19
4.1 门式刚架设计术语 ············ 19
4.2 门式刚架中常见基本构件 ············ 22
4.3 门式刚架中常用焊接符号 ············ 24
4.4 门式刚架中常用螺栓及栓孔符号 ············ 25

5 主结构建模及计算分析 ············ 26
5.1 厂房技术条件 ············ 26
5.2 厂房柱距方案比较 ············ 26
5.3 刚架快速建模 ············ 27
5.4 计算参数设置 ············ 40
5.5 STS 刚架计算控制指标判别 ············ 48

5.6	优化分析思考题	53
5.7	STS 绘制施工图	54
5.8	力学知识	63
5.9	设计理论	64
5.10	图集构造	64
5.11	规范条文链接	64
5.12	绘图软件	70

6 围护系统的设计 ... 71

6.1	分析软件	74
6.1.1	檩条设计	74
6.1.2	墙梁设计	86
6.1.3	隅撑设计	90
6.2	设计小软件	94
6.3	优化分析思考题	94
6.4	图集构造	95
6.5	规范条文链接	99
6.6	设计理论	100
6.7	力学知识	102
6.8	绘图软件	102

7 支撑系统的设计 ... 103

7.1	分析软件	104
7.1.1	屋面水平支撑计算	104
7.1.2	柱间支撑计算	106
7.2	优化分析	108
7.3	优化分析思考题	108
7.4	图集构造	108
7.5	规范条文链接	110
7.6	设计理论	112
7.7	力学知识	115
7.8	绘图软件	115

8 独立基础的设计 ... 117

8.1	设计小软件	118
8.2	优化分析	124
8.3	图集构造	125
8.4	力学知识	128
8.5	设计理论	128

8.6 规范条文链接 ··· 128
8.7 绘图软件 ··· 133

9 柱脚锚栓的设计 ··· 134
9.1 设计小软件 ··· 135
9.2 优化分析 ··· 139
9.3 图集构造 ··· 139
9.4 力学知识 ··· 142
9.5 设计理论 ··· 143
    9.5.1 铰接柱脚设计原理 ································· 143
    9.5.2 刚接柱脚设计原理 ································· 145
9.6 规范条文链接 ··· 150
9.7 绘图软件 ··· 153

10 吊车梁的设计 ··· 154
10.1 分析软件 ·· 155
10.2 其他软件或设计小软件 ····································· 163
10.3 优化分析思考题 ·· 163
10.4 图集构造 ·· 163
10.5 规范条文链接 ·· 163
10.6 绘图软件 ·· 167
10.7 设计理论 ·· 168
    10.7.1 吊车梁系列构件的组成与分类 ···················· 168
    10.7.2 实腹式焊接吊车梁的内力计算 ···················· 170
    10.7.3 吊车梁的截面选择 ······························ 172
    10.7.4 吊车梁的承载能力极限状态计算 ·················· 173
    10.7.5 吊车梁的正常使用极限状态计算 ·················· 174
10.8 吊车梁（桁架）的一般构造要求 ···························· 174
10.9 吊车梁（桁架）焊接连接的一般规定 ························ 175
10.10 其他注意事项 ··· 177

11 钢结构防护 ··· 178
11.1 一般规定 ·· 178
11.2 钢结构的防火设计概述 ····································· 178
11.3 钢结构的防火涂料 ··· 179
    11.3.1 防火涂料分类 ·································· 179
    11.3.2 钢结构涂料防火机理 ···························· 180
    11.3.3 钢结构涂料的选用 ······························ 181
    11.3.4 高温下防火构件涂料的特性 ······················ 181

  11.3.5 钢结构防火涂料的耐火性能分级 ·················· 182
 11.4 钢结构的防火设计 ·················· 182
  11.4.1 常用钢结构防火术语 ·················· 182
  11.4.2 厂房建筑的耐火等级 ·················· 183
  11.4.3 厂房构件的耐火极限 ·················· 184
  11.4.4 火灾危险性分类 ·················· 186
  11.4.5 钢结构的耐火极限状态 ·················· 187
  11.4.6 钢结构耐火验算采用构件耐火验算 ·················· 188
  11.4.7 钢结构的耐火验算 ·················· 188
 11.5 如何运用 PKPM 实现防火设计 ·················· 189
  11.5.1 PKPM 采用何种耐火验算方法 ·················· 189
  11.5.2 PKPM 进行耐火设计时的关键参数（以膨胀型涂料为例） ·················· 189
  11.5.3 PKPM 钢构件防火计算结果 ·················· 190
 11.6 钢结构的防腐蚀设计 ·················· 191

12 钢结构的制作、运输、安装与验收 ·················· 193
 12.1 钢结构的制作 ·················· 193
 12.2 钢结构的运输、安装与验收 ·················· 194

参考文献 ·················· 199

1 如何设计一套正确的钢结构施工图

1.1 钢结构设计的现状以及存在的问题

在这十几年的教学以及和同学们交流的过程中,很多新人都会问钢结构设计是不是会用PKPM或者3d3s就可以了,这也是中国现在大多数钢结构设计的现状,普遍是重软件操作而轻设计中的力学分析和基本设计原理,要不认为钢结构设计就是软件操作,要不就是不求甚解拍脑袋,以至于对软件自动生成的施工图无法鉴别对错,无法判断其合理性,更谈不上优化分析,这样不仅浪费材料,有时候甚至威胁到结构的安全。

鉴于很多新人或者老手对于钢结构设计的误区,在这里列举几个常见的盲区或者误区来说明正确的钢结构设计是什么?

第一,钢结构设计中的体系是否稳定,这其实是和结构力学紧密相关的,但是很多新人要不就是师傅怎么做我就怎么做,对于稍做变化的结构体系不明所以拍脑袋就敢做,其实如果体系不稳定构件再怎么设计都是不安全的。如果侥幸稳定性过关了,但是在具体设计中,有的地方怎么都计算不过,其实有时候就不仅仅是局部的问题,应该从体系中考虑是否仅有此处为多余约束而导致的,还有大家常说的什么时候刚接什么时候铰接,实际上就是和结构的稳定性有关。

第二,钢结构构件的稳定性也是钢结构设计中的重要内容。其实钢结构设计中很多时候都是构件的稳定性在控制而不是强度在控制,这和混凝土结构设计很不相同,因此钢结构新手或者只会混凝土结构设计的设计师在做钢结构设计的时候,对于规范中构造做法以及图集中的一些做法不是很了解,其实就是对于构件的稳定性认识不足,或者说干脆就没有注意到。

第三,在钢结构设计的计算调整分析时,不知道究竟是调整梁高还是调整翼缘的宽度或者是厚度,也不知道是否要调整腹板厚度,因为他们根本不知道材料力学里的截面特性以及和截面特性有关的抗弯模量等因素对于调整的重要性,或者说根本就不知道究竟是强度超限还是稳定性超限,其结果是胡乱加大截面,安全有时固然没有问题,可是用钢量却比别人大很多。

第四,认为任何构件只要截面做的越大越好,其实这里有两个很大的误区。

(1) 不能追求某个构件绝对的大,也就是不能把主体结构的某个构件做得太强大,比如有的人在做单跨门式刚架设计时,一味地加大梁截面,这就造成梁和柱的刚接效果达不到,有时甚至出现简支梁的受力特点,这和门式刚架的原则是背道而驰的。简单点说钢梁和钢柱的刚度是相对合理而不是某个构件绝对大。

(2) 忽视抗震的概念,在钢框架中尤为明显。很多设计师为了省钱,把梁做的很大,可是柱子却很小,形成典型的强梁弱柱结构,这种结构在地震区是有致命缺陷的,整个体系根本无法完成耗能,一震就倒,设计之大忌。

第五,对于规范的一些规定直接无视,有的是理解不到位。比如,对于雪荷载的大小，荷载规范里明确规定了什么情况下要考虑不均匀系数，可是有的钢结构设计师完全无视或者是忽视了它的性质，这就造成了只要一下大雪有的加油站、雨篷、高低跨厂房就被雪压垮了，有些地方甚至还在用50年一遇的雪荷载取值，完全没有弄清规范的意图。

第六，不注重设计理论的研究。比如，对于门式刚架中比较重要的支撑体系不关心、不了解，认为有些地方有没有支撑无所谓，从思想上就不重视支撑的作用。其实风荷载或者说地震作用是怎么从屋面传递到基础的，这个问题不弄清楚就不可能知道支撑的重要性，也不可能准确地设计出相应的截面大小。这些都导致了在门式刚架的施工中或者使用时出现大风整个厂房就倒塌了。

第七，只重视大的计算分析软件不重视小的计算软件或者手算的技能。对于很多软件不能考虑的情况或者施工现场经常出现的变更或者解决施工中出现的错误，不经过手算或者小软件计算校核就拍脑袋决定行还是不行，这主要是没有弄清楚计算分析软件的局限性，也没有弄清楚自己当初设计此构件的前提是什么，对于现场的实际情况根本无心也无力解决，这就导致解决了旧问题又出现了新问题，这也是忽视受力分析只相信软件操作的严重弊端。

现行市场上的钢结构图书林林总总，但要不就是纯谈理论，让人不知所云，让新人觉得钢结构太难了；要不就是纯操作，对于设计中的力学知识、设计原理以及规范要求根本不提，新手们在学习过程中很容易被误导成钢结构设计就是软件操作，觉得钢结构设计不过尔尔，太容易了，这对于钢结构设计新手的成长或者说对于中国的钢结构设计发展都是极其不利的。

朗筑结构根据多年的教学经验首创钢结构设计＝钢结构力学知识＋钢结构相关设计理论＋钢结构相关规范＋钢结构相关图集＋软件操作＋计算分析＋施工图设计的课程教学体系，让新人从一开始就接受正确的设计思想，形成良好的分析问题和解决问题的习惯。

1.2 钢结构施工图设计的正确方法和流程

钢结构施工图的设计流程如图1-1所示。

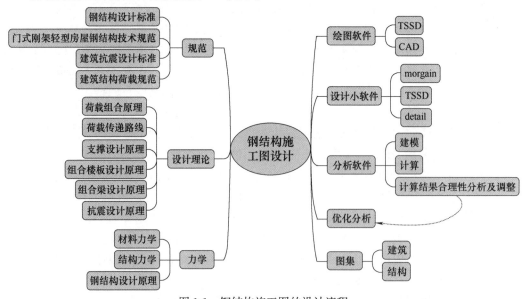

图1-1 钢结构施工图的设计流程

2 策划厂房结构方案

2.1 厂房建筑示意图

本案例厂房横向跨度为 21m,纵向长度为 60m,纵向柱距待定,沿纵向设置 n 榀刚架,厂房示意图(局部)如图 2-1~图 2-4 所示。

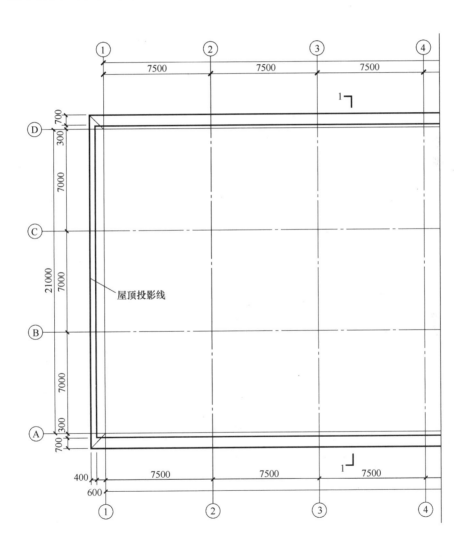

图 2-1 首层平面图(局部)

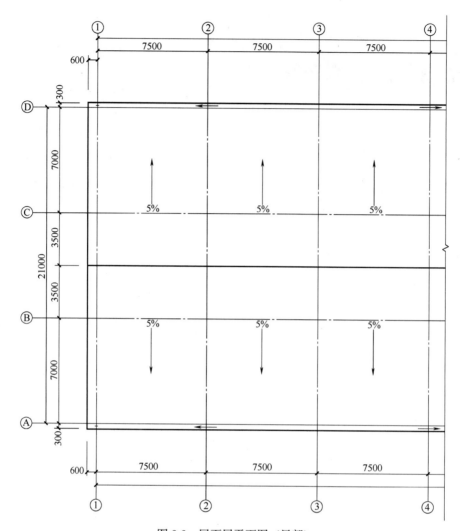

图 2-2 屋面层平面图（局部）

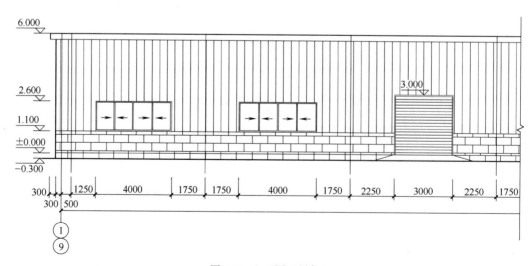

图 2-3 立面图（局部）

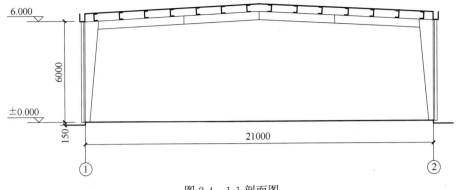

图 2-4 1-1 剖面图

2.2 厂房结构方案确定

2.2.1 确定厂房结构类型

结构跨度为 21m，由于工艺要求中间不能设柱，因此只能是单跨结构。若做成单跨混凝土框架结构，有几个主要问题。第一，单跨框架不被抗震标准所推荐，能不做尽量不做；第二，由于跨度太大，而混凝土自重都很大，这势必造成混凝土框架经济性太差。因此，这种结构方案无论是从抗震性还是经济性来说都不适合做单跨混凝土框架结构，故采用钢结构方案更适合一些。

此外，钢结构方案采用标准化、自动化生产构件，现场装配，施工进度快；其可回收的优势符合环保及可持续发展原则。

确定结构方案采用钢结构类型之后，而钢结构类型也有很多种形式，比如门式刚架、桁架、网架等。在跨度不是很大，钢梁高度能够控制在 1m 以内时，做成门式刚架肯定要比其他结构形式更省钱。

2.2.2 确定刚架方向与厂房纵横向关系

一般来说，在确定刚架方向时应遵循长度大于宽度的原则，也就是刚架方向沿着厂房横向设置，纵向采用支撑体系。这样既能减轻刚架用钢量，同时也能减少柱间支撑的风荷载，从而降低支撑系统的用钢量。

例如：建筑物尺寸为 60m×21m，则在布置厂房时应将 60m 作为长度方向，也就是常说的厂房纵向；21m 作为门式刚架跨度方向，也就是常说的厂房横向。即：60（L）×21（W），而不是 21（L）×60（W）。

2.2.3 确定厂房经济柱距

现行国家标准《门式刚架轻型房屋钢结构技术规范》GB 51022（以下简称"《门规》"）规定，刚架柱距宜为 6m、7.5m、9m。经过大量计算发现，随着柱距的增大，刚架的用钢量是逐渐下降的，但当柱距增大到一定数值后，刚架用钢量随着柱距的增大下降的幅度较为平缓，而其他如檩条、吊车梁、墙梁的用钢量则会随着柱距的增大而增大，就房屋的总用钢量而言，随着柱距的增大先下降而后又上升。因此，在一定条件下，门式刚架存在着最优柱距。

1. 柱距对用钢量的影响

门式刚架的经济性与许多技术参数（如柱距、跨度）的确定有关系。根据多项门式刚架工程的统计，总用钢量与柱距的关系如图2-5所示，呈凹形，且有以下几个特点：

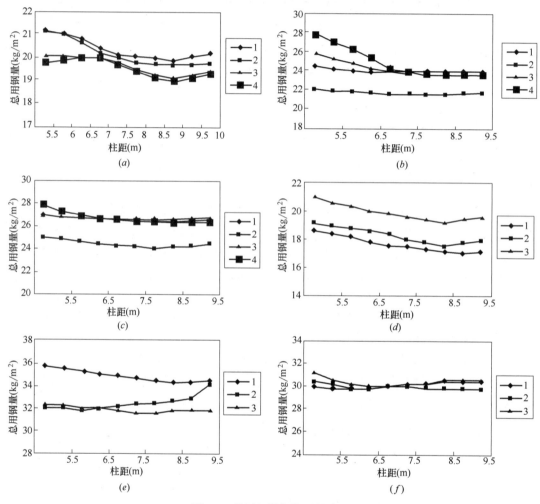

图2-5 总用钢量与柱距的关系

(a) 单跨，无吊车，檐高6m；(b) 双跨，无吊车，檐高6m；(c) 单跨，3t 捯链，檐高6m；
(d) 双跨，3t 捯链，檐高6m；(e) 单跨，10t 吊车，檐高9m；(f) 双跨，10t 吊车，檐高9m
1—跨度15m（Q235）；2—跨度18m（Q345）；3—跨度24m（Q345）；4—跨度30m（Q345）

（1）柱距小于7m时，总用钢量随柱距的增大普遍呈降低趋势，降幅随跨度的增大而增大；柱距7～9m内，曲线基本趋于平缓，即柱距的影响很小；柱距超过9m后，曲线逐步上升，主要是由于檩条、支撑、吊车梁等构件的用钢量大幅上升造成的。

（2）竖向荷载（如屋面荷载、吊顶荷载、吊车荷载等）是影响经济柱距的主要因素，荷载大时经济柱距减小,荷载小时经济柱距增大。

如何判断荷载大呢?当最终活荷载>0.5kN/m² 时可以看作荷载较大。

(3)当荷载条件相同时,经济柱距与跨度大小基本没有关系,即各种跨度刚架体系的经济柱距基本相同,但跨度越大时,总用钢量对柱距越敏感,波动范围越大,采用经济柱距的效益越显著。

(4)单跨跨度相同的情况下,单跨比双跨的用钢量略高,但曲线走势基本相同。

2. 柱距对分项用钢量的影响

18m 和 30m 跨门式刚架体系在不同情况下的分项用钢量如图 2-6 所示,可以看出,随柱距的增加,各分项用钢量呈不同的趋势,其中刚架本身的用钢量越来越低,而檩条、支撑和吊车梁的用钢量逐步上升。如 18m 跨门式刚架体系在柱距达到 10m 时,刚架与檩条及支撑的用钢量基本持平,若柱距增大,刚架用钢量必将由第一位降至第二位;有 10t 吊车的 30m 跨刚架体系的情况也类似,吊车梁的用钢量与檩条、支撑的用钢量和发展趋势也基本相同。

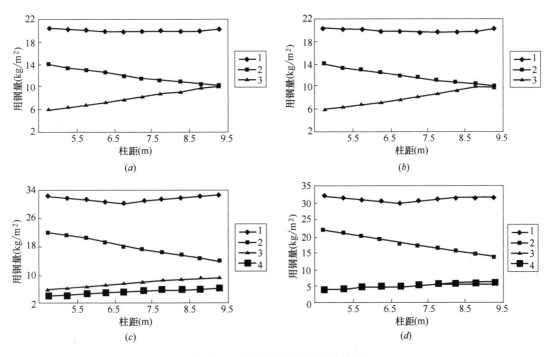

图 2-6 分项用钢量与柱距的关系

(a)18m 单跨,无吊车,檐高 6m;(b)18m 双跨,无吊车,檐高 6m;
(c)30m 单跨,10t 吊车,檐高 9m;(d)30m 双跨,10t 吊车,檐高 9m
1—总用钢量;2—刚架用钢量;3—檩条,支撑用钢量;4—吊车梁用钢量

在布置柱距时,如需采用不等柱距时,应尽量将端跨柱距布置得比中间跨小,这是由于端跨风荷载要比中间跨大,另外在采用连续檩条设计时,端跨的挠度及跨中弯矩总是比其他跨要大。采用较小的端跨能使屋面檩条及墙面檩条设计更方便节省。

例1:建筑物长度=72m

经济柱距可取:1@6+8@7.5+1@6 或者 12@6

例2：建筑物长度＝132m，行车10t

经济柱距可取：1@6＋16@7.5＋1@6 或者 22@6

2.2.4 估算钢梁、钢柱截面

（1）钢梁高度：一般可按照（1/45～1/30）L 来估算截面，当跨度 L 较大或者荷载较大时取大值，反之，取小值。

如何判断跨度较大呢？当跨度 $L＞24m$ 时可以看作跨度较大。

如何判断荷载大呢？当最终活荷载$＞0.5kN/m^2$ 时可以看作荷载较大。

（2）钢柱截面高度：对于柱脚铰接的钢柱一般采取变截面来适应弯矩的变化，其变截面较大一端一般可取与之相连的钢梁高度。

（3）钢柱截面在厂房中的摆放方向如图2-7所示。

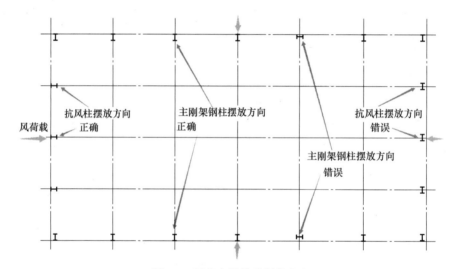

图 2-7 厂房中钢柱的摆放方向

钢柱摆放方向是否正确，主要看其是否为最有效抵抗相应方向的荷载。对于主刚架而言，抵抗横向风荷载或者横向地震作用，按照图2-7中的摆放方向正确摆放才能获得更大横向刚度，同理，抗风柱同此原理来确定正确摆放方向。

2.3 门式刚架计算按三维还是二维

《门规》：

6.1.2 门式刚架不宜考虑应力蒙皮效应，可按平面结构分析内力。

现在很多审图办认为厂房应该三维建模整体计算才能真实反映实际情况，笔者认为这个观点值得商榷。第一，因为纵向有柱间支撑，纵向刚度几乎可以看成很大很大，横向和纵向刚度如何协调变形？第二，因为屋面板都是开大洞的（屋面肯定有采光带），无法协调空间整体变形，整体建模就是假的，实际上是实现不了的。第三，就算可以协调空间整体变形，纵向力怎么分配？因为有的有柱间支撑，有的没有，如果全部都由柱间支撑承担，那么整体建模又有什么意义？

解读：

应力蒙皮效应是指通过屋面板的面内刚度，将分摊到屋面的水平力传递到山墙结构的一种效应。应力蒙皮效应可以减小门式刚架梁柱受力，减小梁柱截面，从而节省用钢量。但是，应力蒙皮效应的实现需要满足一定的构造措施：

① 自攻螺钉连接屋面板与檩条；

② 传力途径不要中断，即屋面不得大开口（条形坡度方向的采光带）；

③ 屋面与屋面梁之间要增设剪力传递件（剪力传递件是与檩条相同截面的短的 C 形或 Z 形钢，安装在屋面梁上，顺坡方向，上翼缘与屋面板采用自攻螺钉连接，下翼缘与屋面梁采用螺栓连接或焊接）；

④ 厂房的总长度不大于总跨度的 2 倍；

⑤ 强大的端框架：山墙结构增设柱间支撑以传递应力蒙皮效应带来的水平力至基础（图 2-8）。

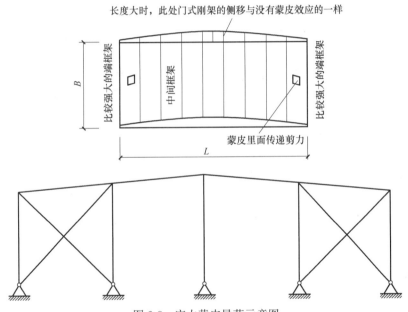

图 2-8 应力蒙皮导荷示意图

采用应力蒙皮概念设计的厂房，端框架必须刚强，因为水平力要汇聚到端框架上，同时满足以上五条构造措施是很难的，因此，大部分实际的厂房是不能考虑蒙皮效应的。

钢梁和钢柱通过高强度螺栓连接→平面门式刚架
↓
平面刚架通过支撑和体系杆连接→空间刚架
↓
围护材料＋基础→轻型钢建筑

忽略实际结构的蒙皮效应后可以得到由空间梁系组成的空间刚架，忽略空间刚架的空间共同工作效应后可以得到由平面梁系组成的平面门式刚架。忽略结构柱脚与基础之间连接的弹性刚度后可以得到理想的铰接或刚接的结构支座条件。由实际轻钢结构提取计算模型的过程如图 2-9 所示。

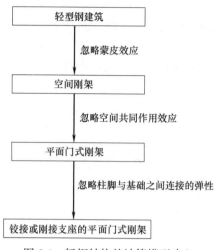

图 2-9 轻钢结构的计算模型建立

因此，门式刚架采用二维建模计算和设计是符合规范设计要求的。门式刚架体系的整体性依靠檩条、墙梁及隅撑来保证，从而减少了屋盖支撑的数量。支撑多用张紧的圆钢做成，很轻便。梁、柱多采用变截面，截面与弯矩成正比；腹板高厚比较大（腹板厚度较薄），在设计时利用其屈曲后强度，以节省材料。当然，由于变截面门式刚架达到极限承载力时，可能会在多个截面处形成塑性铰而使刚架瞬间形成机动体系，因此塑性设计不再适用。

2.4 门式刚架是如何传递横向和纵向水平力的

无论是竖向荷载还是水平荷载的传递，我们要抓住一个永恒不变的核心：不管力的传递过程如何曲折，但最终都要百川入海，那就是最终都要传到地基上。我们可以把力的传递过程看成力的流动，最终都要流到地基这个海里面。因此，力的传递过程之中不能出现任何中断的情况。否则可能危及整个结构的安全。竖向荷载及水平荷载传力过程示意如图 2-10、图 2-11 所示。

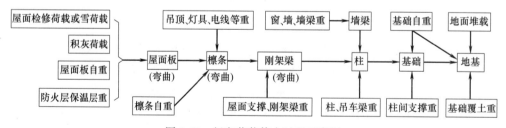

图 2-10 竖向荷载传力过程示意图

在力的传递过程之中，支撑对于力的传递起到了关键作用，很多施工过程中对于支撑没有张紧并不充分重视，这样等力传递过来需要支撑时，事实上支撑是松弛的，也就是力传递到这里中断了，这时候对于整个结构是很危险的。还有些甚至在需要设置支撑的地方却没有设置，比如当柱间支撑设置在第二跨时，第一跨端开间是需要设置刚性系杆的。可

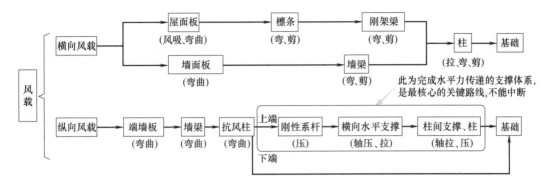

图 2-11 水平荷载传力过程示意图

是很多人没有设置刚性系杆,有些人设置了刚性系杆,但是刚性系杆都是构造设置,根本就没有进行过验算,也不管刚性系杆在传递风荷载的时候其承载力是否足够,刚度是否满足,稳定性是否满足。

还有在施工时没有将支撑组成一个稳定的空间体系就开始施工其他榀刚架,这次《门规》特别把这部分单独拿出来强调,并且史无前例地把这条列为强制性条文,这说明不仅施工过程中施工人员不懂正确的施工顺序,而且设计师也是似是而非,施工交底时既不强调,图纸上也没有任何说明,结果造成大量的施工现场事故。这就是典型的结构体系是可变还是不可变没有搞清楚,结果大风一吹,整个刚架全部倾覆,造成重大的人员伤亡和财产损失。图 2-12 就是支撑没有安装,没有形成可靠的空间体系就施工其他榀刚架所酿成的悲剧。

图 2-12 门式刚架倾覆实例

图 2-13、图 2-14 为山墙风荷载传递路径及山墙受力简图。

《门规》第 14.2.5 条:门式刚架轻型房屋钢结构在安装过程中,应根据设计和施工工况要求,采取措施保证结构整体稳固性。

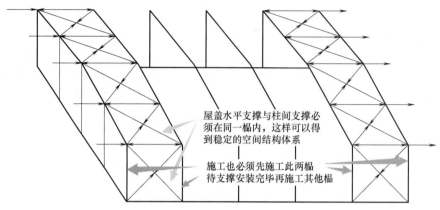

图 2-13 山墙风荷载传递路径

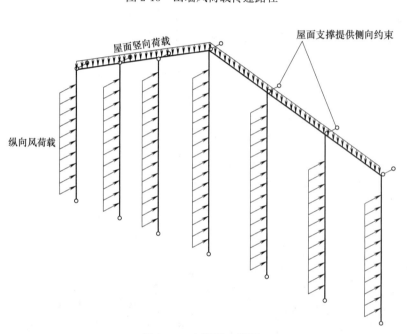

图 2-14 山墙受力简图

正确的施工顺序：

《门规》：

14.2.6 主构件的安装应符合下列规定：

1 安装顺序宜先从靠近山墙的有柱间支撑的两端刚架开始。在刚架安装完毕后应将其间的檩条、支撑、隅撑等全部装好，并检查其垂直度。以这两榀刚架为起点，向房屋另一端顺序安装。

2 刚架安装宜先立柱子，将在地面组装好的斜梁吊装就位，并与柱连接。

3 钢结构安装在形成空间刚度单元并校正完毕后，应及时对柱底板和基础顶面的空隙采用细石混凝土二次浇筑。

4 对跨度大、侧向刚度小的构件，在安装前要确定构件重心，应选择合理的吊点位置和吊具，对重要的构件和细长构件应进行吊装前的稳定性验算，并根据验算结果进行临时加固，构件安装过程中宜采取必要的牵拉、支撑、临时连接等措施。

5 在安装过程中，应减少高空安装工作量。在起重设备能力允许的条件下，宜在地面组拼成扩大安装单元，对受力大的部位宜进行必要的固定，可增加铁扁担、滑轮组等辅助手段，应避免盲目冒险吊装。

6 对大型构件的吊点应进行安装验算，使各部位产生的内力小于构件的承载力，不至于产生永久变形。

缆风绳临时固定示意如图 2-15 所示。

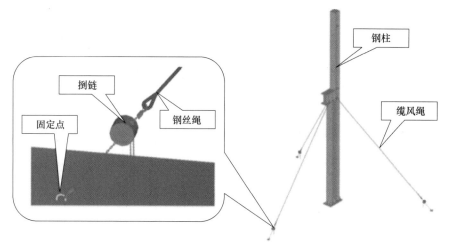

图 2-15 缆风绳临时固定示意图

2.5 钢结构施工图图纸目录

钢结构施工图图纸目录见表 2-1。

钢结构施工图图纸目录　　　　　　　　　　　　　表 2-1

编号	图名	图号	备注
01	基础平面布置图及详图	结 1	
02	锚栓平面图	结 2	
03	屋面结构平面布置图及详图	结 3	
04	柱间支撑立面图及详图	结 4	
05	刚架立面图及详图	结 5	
06	屋面檩条布置图及详图	结 6	
07	墙架布置图及详图	结 7	
08	吊车梁平面布置图(拓展部分)	结 8	
09	吊车梁详图(拓展部分)	结 9	
10	吊车梁安装节点(拓展部分)	结 10	

3 门式刚架综论

3.1 门式刚架分类

《门规》：

5.1.2 门式刚架分为单跨（图5.1.2a）、双跨（图5.1.2b）、多跨（图5.1.2c）刚架以及带挑檐的（图5.1.2d）和带毗屋的（图5.1.2e）刚架等形式。多跨刚架中间柱与斜梁的连接可采用铰接。多跨刚架宜采用双坡或单坡屋盖（图5.1.2f），也可采用由多个双坡屋盖组成的多跨刚架形式。

当设置夹层时，夹层可沿纵向设置（图5.1.2g）或在横向端跨设置（图5.1.2h）。夹层与柱的连接可采用刚性连接或铰接。

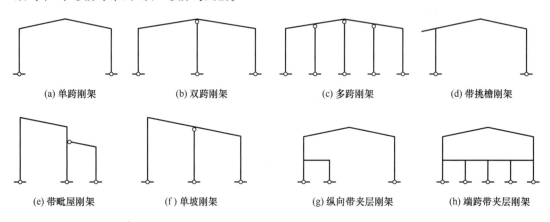

图 5.1.2 门式刚架形式示例

3.2 门式刚架组成

《门规》：

5.1.1 在门式刚架轻型房屋钢结构体系中，屋盖宜采用压型钢板屋面板和冷弯薄壁型钢檩条，主刚架可采用变截面实腹刚架，外墙宜采用压型钢板墙面板和冷弯薄壁型钢墙梁。主刚架斜梁下翼缘和刚架柱内翼缘平面外的稳定性，应由隅撑保证。主刚架间的交叉支撑可采用张紧的圆钢、钢索或型钢等。

解读：主刚架和屋盖及外墙组成封闭式房屋，其承受的横向荷载（比如风荷载）及竖向荷载（比如积雪荷载）传递到基础由交叉支撑来解决，刚架的平面外稳定性可加隅撑来保证。

3.3 《门式刚架轻型房屋钢结构技术规范》的适用范围

《门规》：

1.0.2 本规范适用于房屋高度不大于18m，房屋高宽比小于1，承重结构为单跨或多跨实腹门式刚架、具有轻型屋盖、无桥式吊车或有起重量不大于20t的A1～A5工作级别桥式吊车或3t悬挂式起重机的单层钢结构房屋。

本规范不适用于按现行国家标准《工业建筑防腐蚀设计规范》GB 50046规定的对钢结构具有强腐蚀介质作用的房屋。

解读：

① 本条明确了本规范的适用范围。房屋高度不大于18m，房屋高宽比小于1，主要是针对本规范的风荷载系数的要求而规定的。本规范的风荷载系数主要是根据美国金属房屋制造商协会（MBMA）低矮房屋的风压系数借鉴而来。MBMA的《金属房屋系统手册2006》中的系数就是对高度不大于18m，高宽比小于1的单层房屋经风洞试验的结果。

房屋高度超过18m的类似建筑，构件的强度、稳定性设计可参照本规范；但是构件的变形验算以及整体计算、整体指标要参照《建筑结构荷载规范》GB 50009及《钢结构设计标准》GB 50017来进行设计。

② 悬挂式吊车的起重量通常不大于3t，当有需要并采取可靠技术措施时，起重量允许不大于5t。

③ 本规范不适用于按《工业建筑防腐蚀设计规范》GB 50046规定的对钢结构具有强腐蚀介质作用的房屋。

考虑到此种结构构件的截面较薄，因此不适用于有强腐蚀介质作用的房屋。

④ 承重结构为格构式柱、桁架式梁以及起重量超过20t吊车的厂房均不适合于此规范。这种结构属于超《门规》，需结合《钢结构设计标准》GB 50017以及《建筑结构荷载规范》GB 50009设计，很多新人以为只要是钢结构厂房就用《门规》来设计这种观点是极其错误的。

3.4 门式刚架常见问题

（1）柱脚刚接还是铰接？

《门规》：

5.1.4 门式刚架的柱脚宜按铰接支承设计。当用于工业厂房且有5t以上桥式吊车时，可将柱脚设计成刚接。

解读： 从规范角度简而言之，没有吊车或者没有超过5t的桥式吊车时柱脚推荐用铰接，而有超过5t的桥式吊车时柱脚推荐用刚接。注意，这里的吊车指的是桥式吊车而不是所有的吊车种类，因为超过5t的桥式吊车基本都是要上人的，因此对刚架的侧向位移变形要严格一些，柱脚采取刚接显然是一种减少侧向位移的有效方法之一。此外，柱脚刚接相对于柱脚铰接而言，多了一个约束，这对于重要结构而言，可靠度是进一步提高的。

（2）梁柱连接什么时候采用等截面连接，什么时候采用变截面连接？

《门规》：

5.1.3 根据跨度、高度和荷载不同，门式刚架的梁、柱可采用变截面或等截面实腹焊接工字形截面或轧制 H 形截面。设有桥式吊车时，柱宜采用等截面构件。变截面构件宜做成改变腹板高度的楔形；必要时也可改变腹板厚度。结构构件在制作单元内不宜改变翼缘截面，当必要时，仅可改变翼缘厚度；邻接的制作单元可采用不同的翼缘截面，两单元相邻截面高度宜相等。

解读：有桥式吊车时柱采用等截面连接，如果想节约一点可采取牛腿上下两部分不同截面，牛腿以下直接承受吊车荷载的柱截面用大截面，牛腿以上连接屋面部分柱截面可采用小截面。其他情况可采取变截面连接，从节约的角度来说变截面采取楔形变截面是完全可行的，只要符合刚架弯矩图所需要的承载力要求就可以，因此没有结构力学和材料力学基础知识的新人在这里有很大的障碍。

(3) 门式刚架的跨度及柱距一般取多少？

《门规》：

5.2.2 门式刚架的单跨跨度宜为 12m～48m。当有根据时，可采用更大跨度。当边柱宽度不等时，其外侧应对齐。门式刚架的间距，即柱网轴线在纵向的距离宜为 6m～9m，挑檐长度可根据使用要求确定，宜为 0.5m～1.2m，其上翼缘坡度宜与斜梁坡度相同。

解读：厂房的跨度太大或者太小都不太经济，因此厂房的跨度在 12～48m 范围是允许的。但从经济性的角度来看，大于 40m 的单跨厂房若采用门式轻钢结构虽然从规范的层面来看是允许的，可是和桁架结构相比，经济性就差了，因此，用门式刚架"打天下"，不仅很多时候规范不允许，即使规范允许，但是从经济的角度来看，依然比不过其他结构体系。比如，一个新的建筑摆在你的面前，用什么样的结构体系来完成是实现最优含钢量至关重要的一步。

同样的道理，如果一个建筑物只能是单跨，跨度是 48m，中间由于工艺要求不能加柱子，而此时如果用一个门式刚架的方案和别人用桁架的方案去竞争，肯定是失败的。

(4) 单层门式刚架轻型房屋时是否考虑地震作用？

《门规》：

3.1.4 当抗震设防烈度 7 度（0.15g）及以上时，应进行地震作用组合的效应验算，地震设计状况应满足下式要求：

$$S_E \leq R_d/\gamma_{RE} \quad (3.1.4)$$

式中：S_E——考虑多遇地震作用时，荷载和地震作用组合的效应设计值，应符合本规范第 4.5.4 条的规定；

γ_{RE}——承载力抗震调整系数。

解读：由于单层门式刚架轻型房屋恒载加活载很小，也就是等效质量小，和混凝土结构相比一般至少差七八倍，因此 7 度（0.10g）及以下地区地震作用比较小，能满足风荷载的验算一般都能满足地震作用的验算；但是高烈度地区的地震作用比较大，情况就不一样了，在有些风荷载不是很大的地方，即使满足风荷载的验算但不一定都能满足地震作用的验算。因此，汇集设计经验和振动台试验表明：

① 当抗震设防烈度为 7 度（0.1g）及以下时，一般不需要做抗震验算；

② 当抗震设防烈度为 7 度（0.15g）及以上时，横向刚架和纵向框架均需进行抗震

验算；

③ 当设有夹层或有与门式刚架相连接的附属房屋时，应进行抗震验算。

《门规》：

4.4.2 门式刚架轻型房屋钢结构应按下列原则考虑地震作用：

1 一般情况下，按房屋的两个主轴方向分别计算水平地震作用；

2 质量与刚度分布明显不对称的结构，应计算双向水平地震作用并计入扭转的影响；

3 抗震设防烈度为8度、9度时，应计算竖向地震作用，可分别取该结构重力荷载代表值的10%和20%，设计基本地震加速度为0.30g时，可取该结构重力荷载代表值的15%。

4 计算地震作用时尚应考虑墙体对地震作用的影响。

解读：

① 一般情况下，大部分常规厂房均适用于两个主轴方向分别计算水平地震作用，但是对于平面不规则的厂房质量与刚度分布是明显不对称的，《门规》第6.2.6条特指的是针对纵向支撑体系宜采用空间整体模型计算，如果我们能够准确或者偏于保守地简化计算纵向地震作用，也可无需整体建模。因为门式刚架一般是平面建模计算，即使有的软件能够三维建模计算，但是软件对刚架的计算最终都是二维平面计算。此外，考虑到横向和纵向刚度的差异性以及屋盖大量的采光带（相当于开大洞）导致的纵横向无法协同工作而无法准确计算，因此最可行的方法是采取概念设计的方法，即分缝的方法，将平面不规则的厂房分成几个规则的部分，这样每个部分就可以只考虑单向地震作用了。

结论：《门规》第6.2.6条给了电算，也给了手算。

对于复杂结构，如果手算可以确保安全地给纵向支撑分配纵向荷载，无需三维建模计算；如果觉得不能确保安全，就三维计算纵向支撑。

提醒：即使三维建模，软件对刚架计算还是二维，而不是三维。

② 外墙是砌体墙时，砌体墙的质量，沿高度集中于至少两个质点作为钢柱的附加质量，参与地震作用的计算。

注意：考虑地震作用并不等于地震工况起控制作用。

《门规》：

3.4.3 当地震作用组合的效应控制结构设计时，门式刚架轻型房屋钢结构的抗震构造措施应符合下列规定：

1 工字形截面构件受压翼缘板自由外伸宽度 b 与其厚度 t 之比，不应大于 $13\sqrt{235/f_y}$；工字形截面梁、柱构件腹板的计算高度 h_w 与其厚度 t_w 之比，不应大于160；

2 在檐口或中柱的两侧三个檩距范围内，每道檩条处屋面梁均应布置双侧隅撑；边柱的檐口墙檩处均应双侧设置隅撑；

3 当柱脚刚接时，锚栓的面积不应小于柱子截面面积的0.15倍；

4 纵向支撑采用圆钢或钢索时，支撑与柱子腹板的连接应采用不能相对滑动的连接；

5 柱的长细比不应大于150。

解读：

① 此部分为新增部分，汶川地震时很多厂房就是因为没有采取合理的抗震构造措施而倒塌。

② 相对于基本组合而言地震作用组合控制下的工况对于板件的宽厚比和高厚比的限值更加严格。

③ 在地震作用组合控制下的工况对于柱脚锚栓不仅有计算要求，而且现在新增了对锚栓面积的构造要求。

④ 在地震作用组合控制下的工况对于梁柱刚接及支座等弯矩较大的区域，对隅撑的设置明确为双侧设置。

如何判断是否为地震作用组合的效应控制呢？可以单独查看风荷载和地震作用下的构件的内力标准值，如果地震工况下的结果大，那么可判断地震作用组合的效应控制结构设计。

(5) 门式轻钢厂房是否需要考虑温度作用呢？

《门规》第5.2.4条规定：门式刚架轻型房屋钢结构的温度区段长度，应符合下列规定：

1 纵向温度区段不宜大于300m；

2 横向温度区段不宜大于150m，当横向温度区段大于150m时，应考虑温度的影响；

3 当有可靠依据时，温度区段长度可适当加大。

解读：当厂房总长度或者每个独立区段长度不超过上述尺寸时可以不考虑温度作用影响，当超过时，应该考虑温度效应的影响。

(6) 门式刚架特别增设了带夹层类型，还需要参考《钢结构设计标准》设计吗？

第一，规范明确给出了夹层位移限值。参见《门规》第3.3.1条。

第二，规范明确给出了夹层主梁及次梁的挠度限值。《门规》3.3.2给出了主梁挠度限值为$L/400$，次梁挠度限值为$L/250$。

第三，规范明确给出了夹层柱计算长度的方法。《门规》附录A.0.4给出了夹层柱计算长度的计算算法。因此，门式刚架厂房中有夹层时无需参考《钢结构设计标准》设计，直接按照《门规》设计即可。

(7) 门式刚架厂房超过18m还能用《门规》进行设计吗？

《门规》条文说明第1.0.2条：房屋高度超过18m的类似建筑，构件的强度、稳定性设计可参照本规范。

4 钢结构基础知识

门式刚架结构示意图如图 4-1 所示。

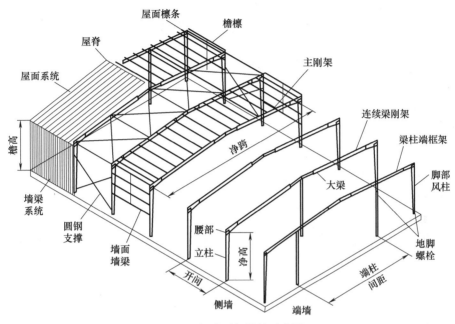

图 4-1 门式刚架结构示意图

4.1 门式刚架设计术语

为了帮助初学者尽快熟悉一些专业词汇，现总结一部分在门式刚架设计中常用的术语。

(1) 门式刚架轻型房屋的最大高度，应取室外地面至屋盖顶部檩条上缘的高度。

(2) 门式刚架轻型房屋的宽度，应取房屋侧墙墙梁外皮之间的距离。

(3) 门式刚架轻型房屋的长度，应取两端山墙墙梁外皮之间的距离。

(4) 门式刚架的高度，应取室外地面至柱轴线与斜梁轴线交点的高度。

(5) 净高：从室内地坪到屋面梁底最低点的垂直距离，也称为"室内净空"。

(6) 开间：在建筑的长度（一般为纵向）方向上，两相邻刚架柱柱中心的间距。

(7) 跨度：横向刚架柱轴线间的距离。

(8) 山墙：建筑长度方向的两个端部刚架平面所在的墙面系统。

(9) 端跨：建筑物的第一跨和最后一跨，主要用来区分于建筑物的中间跨，它的跨距为山墙的外边线到第一榀框架柱的中心线的距离。

(10) 多屋脊建筑：在建筑物宽度方向有一个以上屋脊排布的建筑形式。

(11) 多跨建筑：有一个以上内柱的单屋脊或多屋脊建筑物。

(12) 夹层：位于建筑物内部的楼层结构，包括夹层柱、夹层梁、夹层次梁以及夹层楼板等，通常采用现浇混凝土作为楼面材料，也可以直接使用花纹钢板或者钢格栅作为楼面材料。

(13) 毗屋：仅有一个坡面并且依靠于主建筑的附属建筑，通常低于主建筑的檐口高度。

(14) 伸缩缝：为了避免建筑长度或者宽度过大，在一定的距离内设置的缝隙，以消除温度变形给建筑带来的损坏，可以根据规范的规定设置。

(15) 主结构：用于承担荷载的主要结构构件，通常由刚架梁、刚架柱以及其他主要受力构件组成。

(16) 次结构：将荷载传递到主刚架的结构构件，在轻型钢结构建筑中，这些结构构件包括檩条、墙梁、檐口支梁以及隅撑等。

(17) 屋面围护：覆盖在檩条上的用于防水的外层屋面板，屋面板的连接处一般采用密封胶进行防水处理。

(18) 女儿墙：从建筑物的檐口高度向上延伸的一小段竖向墙体，主要用来遮挡山墙的坡度线和屋面板，使建筑物显得更为"方正"，一般女儿墙的高度不宜过高，以稍高于屋脊标高为标准。

(19) 气楼：安装在屋脊处，同时考虑采光以及通风的建筑附件。

(20) 相对标高：到统一的人为设定的零点标高的垂直距离。如标高为负值，则表示该点低于零点标高，反之则高于零点标高。一般取室内地坪为零点，以它作为参考确定的其他位置的标高称为相对标高。

(21) 地脚螺栓：用来将结构体系与地坪或者基础相连的锚固螺栓，通常是指柱脚锚固螺栓和门框处的预埋螺栓。

(22) 柱底板：刚架柱接触地面的端头板，用于承担全部的上部荷载，由于地脚螺栓不允许承担水平剪力，所以通常需要在柱底板上焊接抵抗水平剪力的剪力键。

(23) 拉条：分为直拉条和斜拉条，布置在相邻刚架梁以及刚架柱之间用于将水平荷载传递到基础的圆钢或者钢绞线上，它可以提高结构的整体稳定性。

(24) 牛腿：从柱或梁上悬挑出的用于承担另一构件或者承受其他荷载的结构构件，例如，支撑吊车梁的牛腿。

(25) 焊接工字钢：由单独切割成型的三块钢板经过焊接成型的工字钢截面，外形通常为"工"形或者"H"形。

(26) 端头板：焊接在结构构件的端头，用螺栓与另一构件的端头连接的钢板，两块相邻而且相同的端头板共同作用以抵抗弯矩。所以，用端头板连接的刚架梁段为刚接，梁的分段一般是为了运输的方便，当将其安装就位以后，靠端头板相互连接以实现传力的连续（即按照构件未断开处理）。

(27) "C"形檩条：用钢带冷轧成"C"形的冷弯薄壁构件，通常用于屋面檩条以及墙面檩条（墙梁）。

(28) 单跨建筑：框架内部无中柱的单屋脊钢结构建筑。

(29) 冷弯型钢：薄壁结构构件，在常温下由带钢经过冷轧成型，通常用于屋面檩条以及墙面檩条。

（30）隅撑：安装在屋面檩条或者墙面檩条上，与刚架梁的受压翼缘或者刚架柱的内翼缘连接，以增强主刚架的平面外稳定性，减小计算长度的小构件。一般采用角钢制成，两侧分别通过螺栓与檩条和梁受压翼缘或柱内翼缘相连。

（31）檐口：屋面檩条上缘的连线与墙面墙梁外缘的连线在屋檐处的交点。

（32）檐口高度：室外地面至房屋外侧檩条上缘的高度。

（33）檐口支梁：用于同时支撑屋面板以及墙面板的位于檐口处的一根檩条。

（34）檐口收边：在外天沟与外墙板之间设置的一道用来防止天沟中的水流入墙体的彩色收边。

（35）泛水：在建筑中提供防渗漏性能的彩钢板构件。

（36）柱脚：柱脚一般由底板和靴梁组成。当柱身较小时，也可不用靴梁；当柱身较大及底板较宽时，为了加强底板的刚度，减小其弯矩和厚度，还需适当布置隔板或肋板。柱脚的作用是把柱固定于基础之上，还起传递和分布荷载的作用。

（37）热轧 H 型钢：在金属冶炼车间直接轧制成型的结构构件，通常具有标准的尺寸以及力学性能。我国现行国家标准中常用的热轧 H 型钢有四种：

1）宽翼缘 H 型钢 HW（W 为 Wide 英文字头）；
2）中翼缘 H 型钢 HM（M 为 Middle 英文字头）；
3）窄翼缘 H 型钢 HN（N 为 Narrow 英文字头）；
4）薄壁 H 型钢 HT（T 为 Thin 英文字头）。

H 型钢的规格标记采用高度 H 值×宽度 B 值×腹板厚度 t_1 值×翼缘厚度 t_2 值表示。如 HW800×300×14×26，表示截面高度为 800mm、翼缘宽度为 300mm、腹板厚度为 14mm、翼缘厚度为 26mm 的宽翼缘热轧 H 型钢，对应的具体截面属性需查找现行国家标准《热轧 H 型钢和剖分 T 型钢》GB/T 11263。

（38）屋面坡度：屋面与水平面之间的夹角，通常用比例关系来描述，即垂直高度变化距离与水平方向变化距离之比，门式刚架的屋面坡度通常在 5%～10%。

（39）檩间拉条：檩条或者墙梁在安装屋面板、墙面板之前，为了减少其计算长度而设置的在檩条之间的受拉构件，通常采用圆钢制成。

（40）自攻螺钉：用于将彩钢板或者收边连接到檩条上的紧固件，这样的螺钉因自带钻头而免去了预先钻孔这道工序而得名。

（41）压型钢板：冷轧成型的表面经过防腐处理的金属板材。

（42）夹心板：在两层彩钢板之间附夹一层保温材料的合成板材，又被形象地称为"三明治板"。

（43）长圆孔：一种被拉长的用于调整螺栓位置的螺栓孔，一般用在连续檩条搭接处以及吊车梁与牛腿连接的位置，有时候也用在抗风柱顶与刚架斜梁的连接处。

（44）加劲肋：为了增强钢构件腹板稳定性而焊接在钢构件上的小块钢板，也常用于主次梁的连接节点位置。

（45）系杆：安装在两榀框架之间，用来传递纵向水平力作用的杆件，通常由圆管或者工字钢制成，与支撑组成受力封闭体系，长细比通常控制在 220 以内。

（46）系杆檩条：在有抗风支撑的跨中，常常在两根拉条的交会处，在正常布置的屋面檩条旁边再增加一根檩条，在结构设计中，这两根檩条同时受力以起到代替或者增强屋面系杆的作用。

（47）扭剪型高强度螺栓：通过扭断螺栓的螺杆端头来达到高强度螺栓所需扭力的高强度螺栓。

（48）内天沟：用于汇集屋面积水的槽形构件，通常设置在多屋脊建筑的交接处或是在檐口女儿墙的内侧。

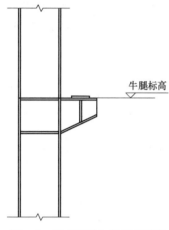

（49）外天沟：用于汇集屋面积水的槽形构件，安装在檐口位置或外墙板外侧屋面的天沟。

（50）通风器：布置在屋顶，用于室内外空气交换的通风设备。

（51）抗风柱：位于山墙的竖向构件，用于承受作用在山墙水平方向的风荷载。

（52）系梁：对于厂房结构，为了增强柱与柱之间的侧向刚度以及各柱之间的变形协调，可以增设水平系梁。

（53）柱高：檐口到柱底的距离。比如：檐口标高为 6.000m，柱底标高为 −0.30m，所以左柱高为 6.000 − (−0.30) = 6.300m。

（54）牛腿标高：牛腿上翼缘外表面的标高，如图 4-2 所示。

图 4-2 门式刚架牛腿标高示意

4.2 门式刚架中常见基本构件

轻型钢结构工程是一个系统工程，它包括设计、加工制造和施工安装三个过程；包含的具体内容有：主结构系统、次结构系统和围护系统三大方面。

门式刚架结构是指以轻型焊接 H 型钢、轧制 H 型钢或冷弯薄壁型钢等构成的实腹式门式刚架作为主要承重骨架，以冷弯薄壁型钢（槽形、卷边槽形、Z 形等）檩条、墙梁和压型金属板作为围护结构，采用聚苯乙烯泡沫塑料、硬质聚氨酯泡沫塑料、岩棉、矿棉、玻璃棉等作为保温隔热材料并适当设置支撑的一种轻型房屋结构体系。

体系主要由以下部分组成：门式刚架、支撑体系、檩条、墙梁、屋面板和墙面板、吊车梁系统等。

主结构系统如图 4-3、图 4-4 所示。

图 4-3 H 型钢（钢梁及钢柱）

图 4-4 外露式钢柱脚

围护结构系统如图 4-5～图 4-9 所示。

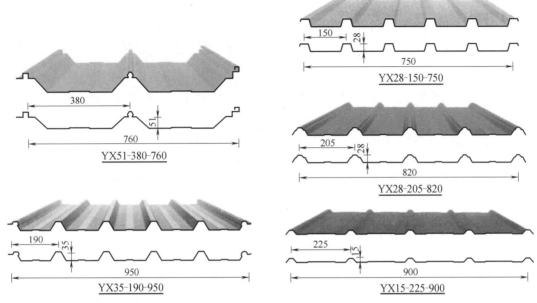

图 4-5 压型彩色钢板（用于屋面及墙面围护部分）

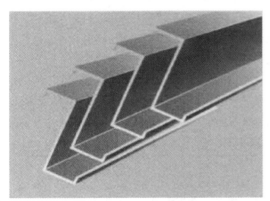
Z形檩条(用于连接压型彩色钢板)

C形檩条(用于连接压型彩色钢板)

图 4-6 檩条

带加劲肋檩托(用于檩条连接)

图 4-7 檩托

带保温棉双层彩钢板

图 4-8 双层彩钢板

图 4-9 隅撑（一般为角钢）

4.3 门式刚架中常用焊接符号

在钢结构施工图上要用焊缝符号标明焊缝形式、尺寸和辅助要求。焊缝符号由指引线和表示焊缝截面形状的基本符号组成，必要时可加上辅助符号、补充符号和焊缝尺寸符号。

指引线一般由箭头线和基准线所组成。基准线应与图纸的底边相平行，特殊情况也可与底边相垂直（图 4-10）。

基本符号用于表示焊缝截面形状，符号的线条宜粗于指引线，常用的一些基本符号见表 4-1。

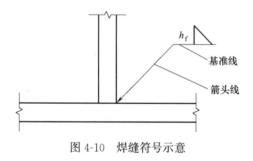

图 4-10 焊缝符号示意

常用焊接基本符号　　　　　　　　　　　　表 4-1

名称	封底焊缝	对接焊缝					角焊缝	塞焊缝与槽焊缝	点焊缝
		I形焊缝	V形焊缝	单边V形焊缝	带钝边的V形焊缝	带钝边的U形焊缝			
符号	⌒	‖	V	V	Y	Y	∠	⊓	○

注：单边V形与角焊缝的竖边画在符号的左边。

辅助符号用于表示焊缝表面的形状特征，如对接焊缝表面余高部分需加工使之与焊件表面齐平，则是需在基本符号上加一短划，此短划即辅助符号，见表 4-2。

焊缝符号中的辅助符号和补充符号　　　　　　表 4-2

类别	名称	焊缝示意图	符号	示例
辅助符号	平面符号		—	
	凹面符号		⌣	

续表

类别	名称	焊缝示意图	符号	示例
补充符号	三面围焊符号	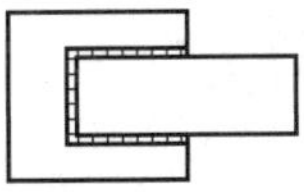	 ⊏	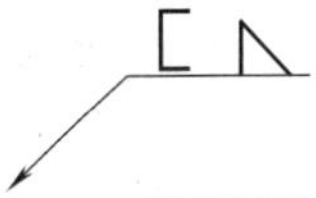
	周边围焊符号	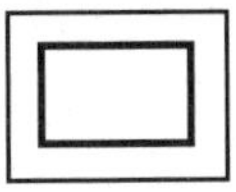	○	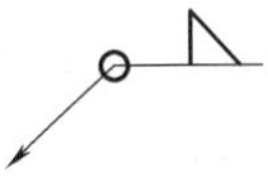
	现场焊符号		▶	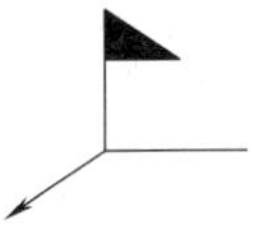
	焊缝底部有垫板的符号		 ▬	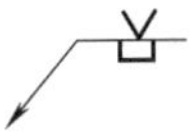
	相同焊缝符号	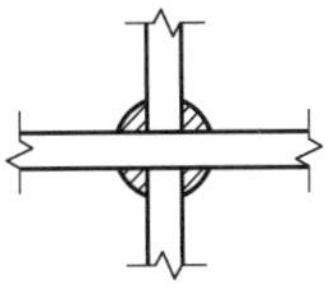		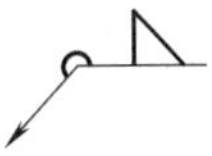
	尾部符号		 <	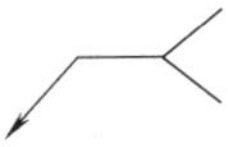
	钢筋与钢板对接焊缝	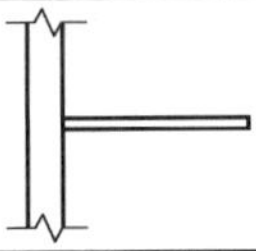		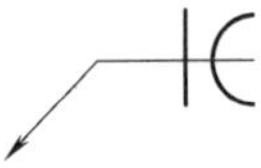

注：1. 现场焊符号的旗尖指向基准线的尾部；
2. 尾部符号用以标注需说明的焊接工艺方法和相同焊缝数量符号。

4.4 门式刚架中常用螺栓及栓孔符号

在钢结构施工图上螺栓及栓孔的表示方法见表4-3。

螺栓及栓孔的表示方法　　　　　　　　表 4-3

序号	名称	图例	序号	名称	图例
1	永久螺栓	 ◇	4	螺栓圆孔	 ●
2	安装螺栓	 ◇	5	长圆形孔螺栓	 ●
3	高强度螺栓	 ◆			

注：1. 细"+"线表示定位线；
2. 必须标注螺栓孔、螺栓直径。

25

5 主结构建模及计算分析

5.1 厂房技术条件

某单层门式刚架钢结构厂房，位于湖北省武汉市，柱距待定；檐口高度 6m，单脊双坡（5%）；厂房长度 60m，宽度 21m。50 年一遇基本风压 $\omega_0=0.35\text{kN/m}$，100 年一遇基本雪压 $s_0=0.6\text{kN/m}^2$，抗震设防烈度为 6 度（0.05g），场地类别Ⅱ类。说明：本案例屋面恒载取值为 0.22kN/m^2，考虑到厂房的地域性和不同设计院不同的屋面做法，屋面恒载取值不尽相同，基本不会超过 0.3kN/m^2。

5.2 厂房柱距方案比较

方案一：纵向柱距为 6.0m，共 11 榀刚架，每榀刚架跨度为 21m。
主要构件截面尺寸：
刚架梁：H（450～550）×180×6×8，刚架柱：H（300～500）×250×6×10；
边跨屋面檩条：XZ160×60×20×2.5，中间跨屋面檩条：XZ160×60×20×2.2；
边跨墙梁：C160×60×20×2.5，中间跨墙梁：C160×60×20×2.2。
方案二：纵向柱距为 7.5m，共 9 榀刚架，每榀刚架跨度为 21m。
主要构件截面尺寸：
刚架梁：H（450～600）×200×6×8，刚架柱：H（300～550）×250×6×12；
边跨屋面檩条：XZ180×70×20×2.2，中间跨屋面檩条：XZ180×70×20×2.0；
边跨墙梁：C220×75×20×2.2，中间跨墙梁：C220×75×20×2.0。
主刚架对比结果见表 5-1。

主刚架对比结果 表 5-1

方案	单榀用钢量(kg)			总榀数	刚架总用钢量(kg)
	钢梁	钢柱	刚架总量		
6.0m 柱距	955	720	1675	11	18425
7.5m 柱距	1032	831	1863	9	16776

屋面檩条统计过程见表 5-2。

檩条用量统计 表 5-2

方案	屋面檩条截面	每延米重量(kg/m)	单根长度(m)	单根重量(kg)	一柱距内根数	跨数	总檩条数	总重量(kg)	备注
6.0m 柱距	XZ160×60×20×2.5	6.03	6	36.2	14	2	28	1013	边跨
	XZ160×60×20×2.2	5.33	6	32.0	14	8	112	3584	中间跨

续表

方案	屋面檩条截面	每延米重量(kg/m)	单根长度(m)	单根重量(kg)	一柱距内根数	跨数	总檩条数	总重量(kg)	备注
7.5m柱距	XZ180×70×20×2.2	6.02	8.3	50.0	14	2	28	1400	边跨
	XZ180×70×20×2.0	5.49	8.3	45.6	14	6	84	3830	中间跨

墙梁统计过程见表5-3。

墙梁用量统计 表5-3

方案	墙梁截面	每延米重量(kg/m)	单根长度(m)	单根重量(kg)	一柱距内根数	跨数	总墙梁数	总重量(kg)	备注
6.0m柱距	C160×60×20×2.5	5.87	6	35.2	8	2	16	563	边跨
	C160×60×20×2.2	5.21	6	31.3	8	8	64	2003	中间跨
7.5m柱距	C220×75×20×2.2	6.77	7.5	50.8	8	2	16	813	边跨
	C220×75×20×2.0	6.18	7.5	46.4	8	6	48	2227	中间跨

围护构件对比结果见表5-4。

围护构件对比结果 表5-4

方案	屋面檩条用钢量(kg)	墙梁用钢量(kg)	总用钢量(kg)
6.0m柱距	4597	2566	7163
7.5m柱距	5230	3040	8270

综合对比结果见表5-5。

综合对比结果 表5-5

方案	主刚架构件(kg)	屋面檩条(kg)	墙梁(kg)	总用钢量(kg)
6.0m柱距	18425	4597	2566	25588
7.5m柱距	16776	5230	3040	25046

最终结果，7.5m柱距方案比6.0m柱距方案用钢量少542kg。

说明：两个方案的山墙结构布置方案一样，不影响最终的对比结果。

因此，本案例最终采用柱距7.5m，不仅用钢量节约而且基础数量也减少。

5.3 刚架快速建模

软件选择：PKPM-STS-门式刚架二维设计模块 2024 V2.1版本。

1. 门式刚架快速建模

选择钢结构模块中的钢结构二维设计选项中的门式刚架（图5-1）。

图 5-1　门式刚架模块

选择常用功能中的门架选项（图 5-2）。

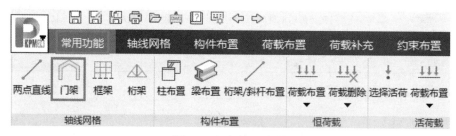

图 5-2　门架快速建模

在门式刚架网格输入向导中输入门式刚架的几何信息（图 5-3）。
门式刚架网格输入向导参数说明：
总跨数：1；
单跨形式：双坡（单脊）；
跨度：21000mm；
单跨对称与否：对称；单跨以屋脊为对称轴；
左柱高：从基础短柱顶面起算的高度，假设基础短柱顶面的标高为－0.300m，柱高为 6000mm；
左坡坡度：1/20～1/8 之间，按实际情况输入，这里选择的坡度为 1/20；
左坡分段数：1段，由于本案例跨度 21m，左坡为 10.5m，不适合再继续分段，否则每段长度太短并且增加拼接数量，既不经济也浪费制作和安装时间。
拓展：如果跨度大点，比如跨度增加到 30m，可按照跨度的 1/3 来分段，即每段都为

图 5-3 门式刚架网格输入向导

10m 长。具体到左坡来说把 15m 分成两份，比例为 10m：5m＝2：1，此时左坡分段数填 2 段，左坡分段数填 2：1。

在设计信息设置中输入基本的设计信息（图 5-4）。

设计信息设置参数说明：

勾选自动生成构件截面与铰接信息。

中间摇摆柱兼当抗风柱：由于本榀刚架并未设置中间摇摆柱（上、下端铰接的轴心受压构件），是否勾选此项并不影响最终的计算，如果实际工程中存在摇摆柱，且位于边榀刚架的摇摆柱还起着抗风柱的作用，则需要勾选此项，以便程序自动考虑山墙风荷载对此摇摆柱的作用。

屋面荷载：

恒载：一般由屋面板、保温层、檩条、拉条、水平支撑、刚性系杆组成，但不包括主刚架自重，主刚架自重由程序自动考虑，此处的屋面恒载根据实际的建筑做法计算，一般在 $0.2 \sim 0.3 kN/m^2$，本例输入 $0.22 kN/m^2$。

活荷载：按照《门规》第 4.1.3 条：当采用压型钢板轻型屋面时，屋面按水平投影面积计算的竖向活荷载的标准值应取 $0.5 kN/m^2$，对承受荷载水平投影面积大于 $60 m^2$ 的刚

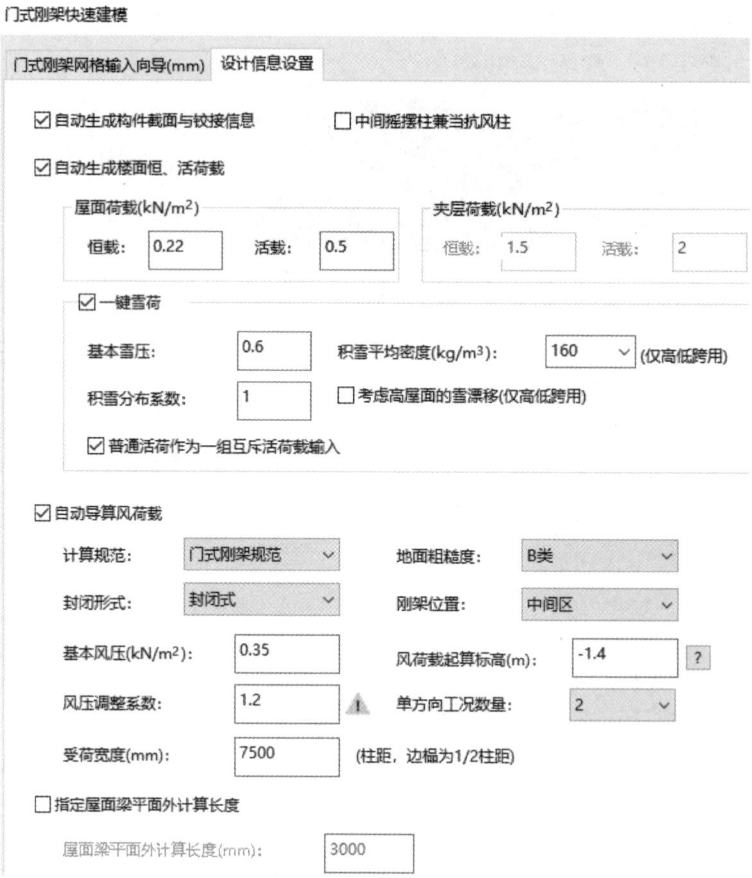

图 5-4 设计信息设置

架构件,屋面竖向均布活荷载的标准值可取不小于 $0.3kN/m^2$(本条仅指检修竖向活荷载)。

具体见现行国家标准《工程结构通用规范》GB 55001 表 4.2.8。

表 4.2.8 屋面均布活荷载标准值及其组合值系数、频遇值系数和准永久值系数

项次	类别	标准值 (kN/m^2)	组合值系数 ψ_c	频遇值系数 ψ_f	准永久值系数 ψ_l
1	不上人的屋面	0.5	0.7	0.5	0.0
2	上人的屋面	2.0	0.7	0.5	0.4

综上所述,屋面活荷载最终取 $0.5kN/m^2$。

勾选一键雪荷:屋面雪荷载按照《门规》第 4.3.1 条取 100 年一遇的基本雪压 $0.6kN/m^2$。

普通活荷载作为一组互斥活荷载输入:按照《门规》第 4.5.1 条,屋面均布活荷载不与雪荷载同时考虑,需要勾选此项。

计算规范:《门规》。

地面粗糙度类别:因为厂房一般都位于郊区,因此根据现行国家标准《建筑结构荷载

规范》GB 50009 第 4.2.1 条选 B 类。

封闭形式：封闭式。

刚架位置：中间区。

基本风压：根据厂房所在地武汉市查现行国家标准《建筑结构荷载规范》GB 50009 附录 E 按 50 年一遇的基本风压确定，查得 $0.35kN/m^2$。

风荷载起算标高：根据基础短柱顶标高−0.300 和 1.1m 高砌体墙，风荷载由砌体墙而非刚架承担，所以，此处应为 1.4m。

风压调整系数：即《门规》第 4.2.1 条中的系数 β，计算主刚架时，取 $\beta=1.1$。

注意：现行国家标准《工程结构通用规范》GB 55001：

4.6.5 当采用风荷载放大系数的方法考虑风荷载脉动的增大效应时，风荷载放大系数应按下列规定采用：

1 主要受力结构的风荷载放大系数应根据地形特征、脉动风特性、结构周期、阻尼比等因素确定，其值不应小于 1.2。

综上所述：刚架风荷载调整系数（放大系数）为 1.2。

单方向工况数量：风荷载单风向的工况数量有 2 个，分别是内压为压力和内压为吸力这两种工况。

受荷宽度：7500mm，即柱距。

指定屋面梁平面外计算长度：不勾选此项，按照《门规》要求，屋面梁的平面外稳定计算取支撑与隅撑支撑计算的较小值来考虑，在后续的建模过程中，我们将设置屋面横梁平面外计算长度为支撑与隅撑支撑计算的较小值。

设计思考：钢梁、钢柱是否都要设置隅撑？如果设置隅撑，那么钢梁、钢柱平面外计算长度是否按照隅撑间距取用？此外，若平面外计算长度不能取隅撑间距，那么如何选取才能保证其经济性？

（1）隅撑为门式轻钢结构特有之构件，如果不设置会加大含钢量，就不能体现与普钢的区别。

（2）两者均要设置隅撑，但又有所区别：

对于钢梁而言，规范条文特别强调，屋面斜梁的平面外计算长度取两倍檩距，似乎已成了一个默认的选项，有设计人员因此而认为隅撑可以间隔布置，这是不对的。本条特别强调隅撑不能作为梁的固定的侧向支撑，不能充分地给梁提供侧向支撑，而仅仅是弹性支座。根据理论分析，隅撑支撑的梁的计算长度不小于 2 倍隅撑间距，即梁的平面外计算长度≥2 倍隅撑间距。有些人"自作聪明"根据这条解释认为梁的平面外计算长度最小值可以取 2 倍隅撑间距，但是完全忽略梁的下翼缘大小不同，以及作为弹性支座的檩条和隅撑的大小不同，认为无论任何情况都可以取两倍，而不用管弹性支座是不是能够完成这个任务。

此外，规范还强调，实腹式刚架斜梁的平面外计算长度，应取侧向支承点间的距离。

解读：钢梁平面外稳定计算应按带隅撑梁及侧向支撑点之间梁两者最不利控制。即：若 PKPM 计算结果文件中平面外稳定按隅撑支撑取，那设置隅撑就没有问题；如果结果输出的平面外稳定按支撑取，那就需要注意，平面外的稳定是按照支撑保证的，实际工程就需要设置和计算时的支撑间距对应的支撑。

对于钢柱而言，无论是否带吊车，能设置隅撑应尽量设置。但是相对于钢梁而言，钢柱为压弯构件，而《门规》中对于带隅撑梁是基于纯受弯构件的，因此，规范中对于带隅撑梁的计算对钢柱而言是不适用的。

众所周知，钢柱截面主要由其平面外稳定控制，而平面外稳定控制与平面外计算长度有很大关系。如果想控制经济性，建议钢柱平面外设置通长系杆，这样钢柱平面外计算长度可取通长系杆高度，这是一个既稳妥又经济的做法。

解读：既然钢柱平面外计算不能考虑隅撑的作用，那是不是就可以不设置隅撑了呢？其实不然，因为隅撑和墙梁组合起来对于钢柱平面外是有实际的支撑效果的，只是这种作用现在还没有充分的研究，规范组也没有给出带隅撑柱的具体计算公式，但我们并不能因此而否认隅撑对于钢柱平面外的稳定帮助，此外，钢柱作为唯一的竖向构件，有一定安全富余量也是可以接受的。

2. 梁、柱构件的截面定义及布置

定义或布置梁、柱的截面如图 5-5 所示。

门式刚架中梁截面尺寸为：H(450~600)×200×6×8；

门式刚架中柱截面尺寸为：H(300~550)×250×6×12。

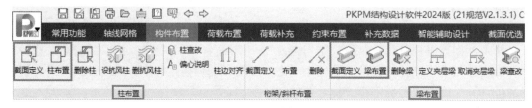

图 5-5　构件布置

柱截面定义并布置如图 5-6 所示。

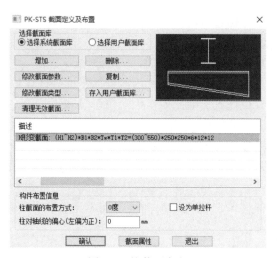

图 5-6　柱截面定义

梁截面定义并布置如图 5-7 所示。

3. 查看梁、柱构件的实际长度

查看梁、柱构件的实际长度，检查前面输入的几何信息是否有误（图 5-8、图 5-9）。

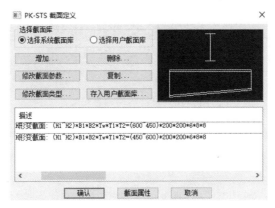

图 5-7 梁截面定义

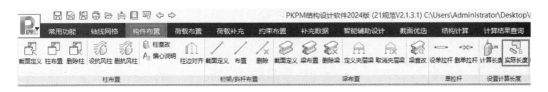

图 5-8 检查构件实际长度

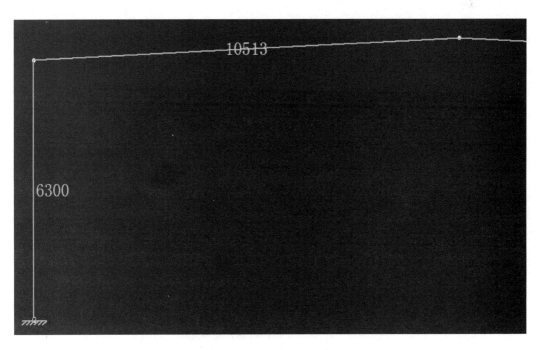

图 5-9 构件实际长度示意图

4. 查看梁、柱构件的平面内计算长度系数

梁、柱构件平面内计算长度系数一般按默认的 -1.0，表示由程序自动计算（图 5-10～图 5-12）。

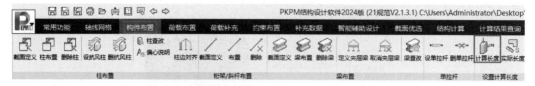

图 5-10 设计构件计算长度

图 5-11 设置构件平面内计算长度

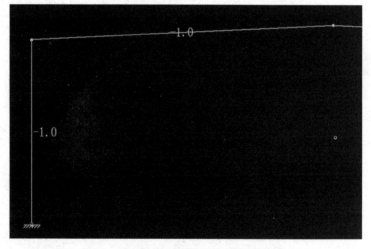

图 5-12 构件平面内计算长度示意图

5. 修改梁、柱构件的平面外计算长度系数

设置梁平面外计算长度为取支撑与隅撑支撑计算的较小值；同时设置计算长度为 10500mm；也就是说，取支撑的距离为 10500mm，支撑的距离需要根据屋面支撑系统的布置来确定，后面我们会知道，在檐口和屋脊处是需要设置通长的系杆的，亦即支撑的距

34

离为檐口与屋脊的距离,近似取为 10500mm(图 5-13)。

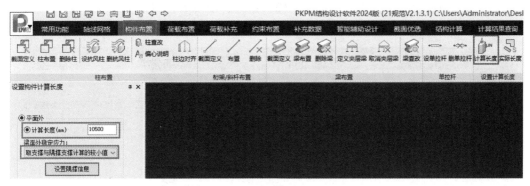

图 5-13 设置构件平面外计算长度

根据隅撑、檩条的实际截面增加隅撑保证平面外稳定的附加信息(图 5-14～图 5-16)。

需要注意的是,隅撑和檩条的截面尺寸是需要经过计算才能确定的,此处所设置的截面信息能够满足相应的计算要求,在后面的内容中,会涉及这两者的计算步骤。

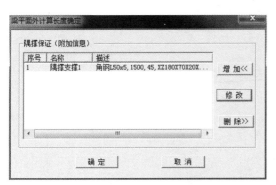

图 5-14 梁平面外计算长度确定

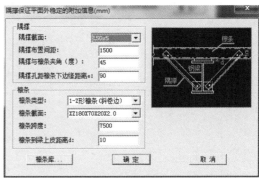

图 5-15 隅撑保证平面外稳定的附加信息

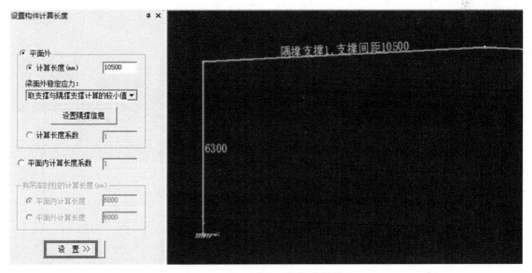

图 5-16 设置梁平面外的支撑信息

6. 查看荷载布置情况

分别检查恒荷载、活荷载、风荷载的输入是否有误（图 5-17）。

图 5-17　检查荷载输入情况

（1）恒荷载布置情况如图 5-18 所示。

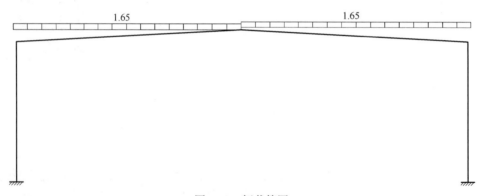

图 5-18　恒载简图

（2）活荷载布置情况如图 5-19～图 5-23 所示。

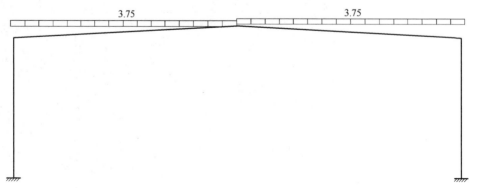

图 5-19　第 1 组互斥活荷载简图

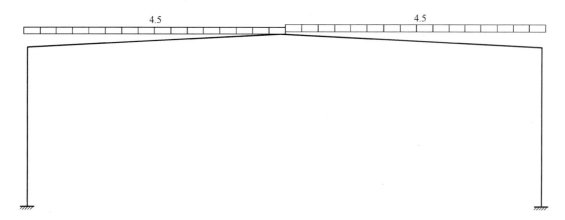

图 5-20 第 2 组互斥活荷载简图

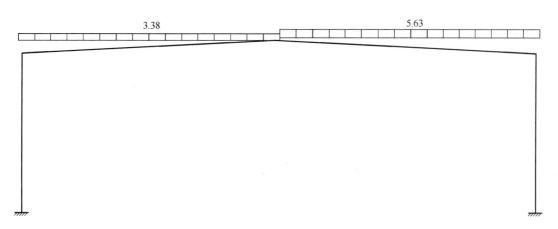

图 5-21 第 3 组互斥活荷载简图

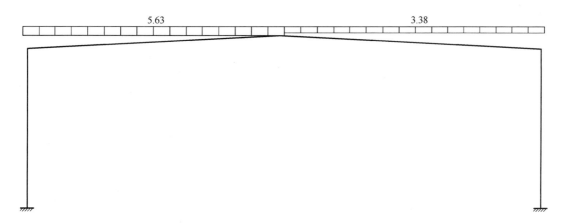

图 5-22 第 4 组互斥活荷载简图

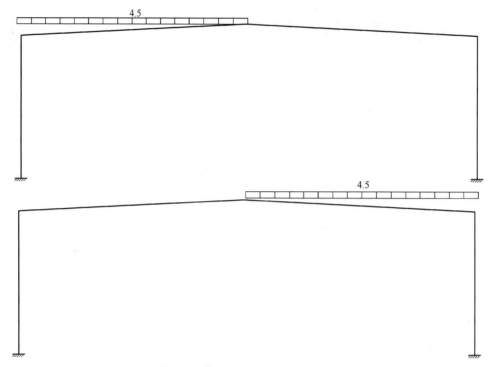

图 5-23 第 5、6 组互斥活荷载简图

(3) 风荷载布置情况如图 5-24～图 5-27 所示。

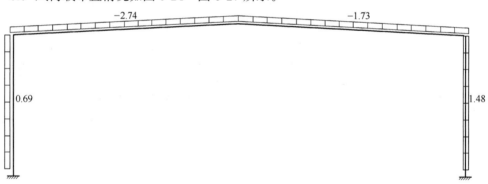

图 5-24 左风工况 1 简图

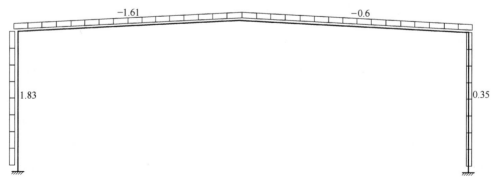

图 5-25 左风工况 2 简图

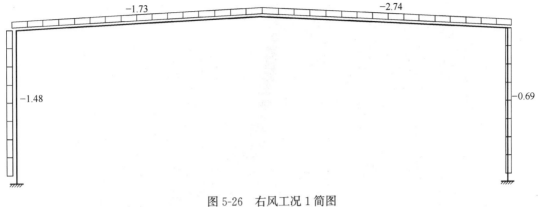

图 5-26 右风工况 1 简图

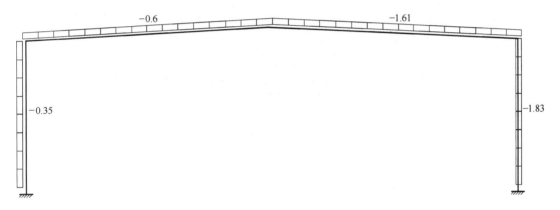

图 5-27 右风工况 2 简图

解读：

① 主刚架计算时采用《门规》中的风荷载系数 μ_w，不再沿用现行国家标准《建筑结构荷载规范》GB 50009 中的风荷载体型系数 μ_s。

② 风荷载系数 μ_w 采用了美国 MBMA 手册中规定的风荷载系数，该系数已考虑内、外风压力最大值的组合，对应于 PKPM 中的工况 1 及工况 2 这两种工况，这有别于以前规程只考虑外风压力一种工况，显得更为精细，更符合实际。

③ 门式刚架轻型房屋钢结构属于对风荷载比较敏感的结构，因此，计算主刚架时，β 系数由原来的 1.1 提高至 1.2，是对基本风压的适当提高。

7. 检查或修改柱底支座约束条件，修改柱底为铰接（图 5-28、图 5-29）

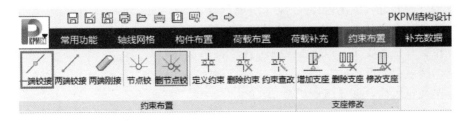

图 5-28 布置柱铰

图 5-29　柱底铰接示意图

5.4　计算参数设置

计算参数输入如图 5-30 所示。

图 5-30　计算参数输入

门式刚架参数详细展开：
(1) 结构类型参数如图 5-31 所示。
结构类型：门式刚架轻型房屋钢结构；
设计规范：《门规》；
受压构件的允许长细比：180，见《门规》表 3.4.2-1；
受拉构件的允许长细比：400，见《门规》表 3.4.2-2；
柱顶位移和柱高度比：1/60，见《门规》表 3.3.1；
钢梁的挠度和跨度比：1/180，见《门规》表 3.3.2；
夹层梁及抗风柱：见《门规》表 3.3.2；
执行《建筑与市政工程抗震通用规范》：《建筑与市政工程抗震通用规范》GB 55002—2021，自 2022 年 1 月 1 日起实施，因此需要执行新规范，新规范在地震作用分项系数的

图 5-31　结构类型参数

规定上作了一些改变，勾选此项后，程序将自动执行新规范中分项系数的规定；

钢梁还要按压弯构件验算平面内稳定性：勾选此项，见《门规》第 7.1.6 条；

摇摆柱设计内力放大系数：通常填写 1.5，考虑实际节点做法的非绝对铰接而真实存在的少量弯矩的不利影响。

（2）总信息参数如图 5-32 所示。

图 5-32　总信息参数

钢材钢号：选择 Q345；

自重计算放大系数：此处的重力放大系数主要是考虑刚架构件表面的防腐、防火涂层的重量，一般可取 1.2；

净截面和毛截面比值：主要是为了考虑构件截面中螺栓孔削弱的影响，一般可取 0.85～0.90；

钢柱计算长度系数确定方法：勾选"按门规 GB 51022—2015 附录 A.0.8 确定"；

钢材料设计指标取值参考规范：选择"钢结构设计标准 GB 50017—2017"，执行新标准的规定；

程序自动确定等效弯矩系数：勾选此项，由程序根据规范规定自动计算等效弯矩系数；

混凝土构件参数：由于没有混凝土构件，因此可不必填写；

结构重要性系数：对于门式刚架结构构件安全等级可取二级，该系数取 1；

梁柱自重计算信息：由程序自动计算梁柱自重；

基础计算信息：由于并未输入基础布置信息，此处为灰色，不能选择；

考虑恒载下柱轴向变形：选择考虑，让软件计算柱的轴向变形对结构内力的影响。

（3）地震计算参数如图 5-33 所示。

图 5-33 地震计算参数

由于本案例抗震设防烈度为 6 度（0.05g）以下，不用计算地震作用，本页参数只用将地震作用计算选择为不考虑即可。

(4) 荷载分项及组合系数如图 5-34 所示。

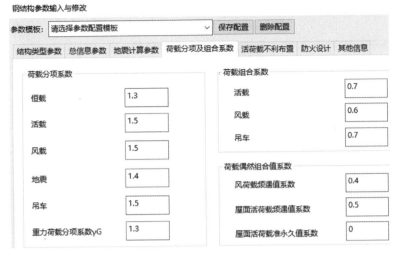

图 5-34　荷载分项及组合系数

荷载分项及组合系数：荷载分项系数按现行国家标准《建筑结构可靠性设计统一标准》GB 50068 确定，而荷载组合系数仍然按现行国家标准《建筑结构荷载规范》GB 50009 确定（因为统一标准并不规定荷载相差的组合系数取值），通常按软件默认的即可。

(5) 活荷载不利布置如图 5-35 所示。

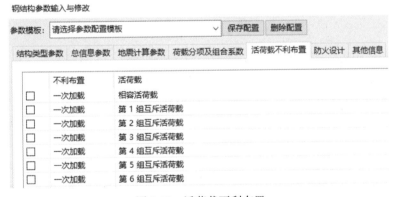

图 5-35　活荷载不利布置

因为本工程为单跨，不存在屋面活荷载不利布置的问题，只有屋面雪荷载的不均匀布置问题，所以无需打钩。

(6) 防火设计如图 5-36 所示。

防火设计对于钢结构来说，是一项重要的设计内容，需要根据现行国家标准《建筑钢结构防火技术规范》GB 51249 的要求对钢结构进行防火设计。关于钢结构防火设计的更详细的讲解见本书后面章节的内容，此处，将只对防火设计相关的参数设置作简要介绍。

是否进行抗火设计：勾选此项，选择让软件进行抗火设计。

建筑耐火等级：建筑耐火等级根据建筑的类型、功能、规模等依据现行国家标准《建筑设计防火规范》GB 50016 确定，通常由建筑专业确定，可以从建筑资料图的说明中找

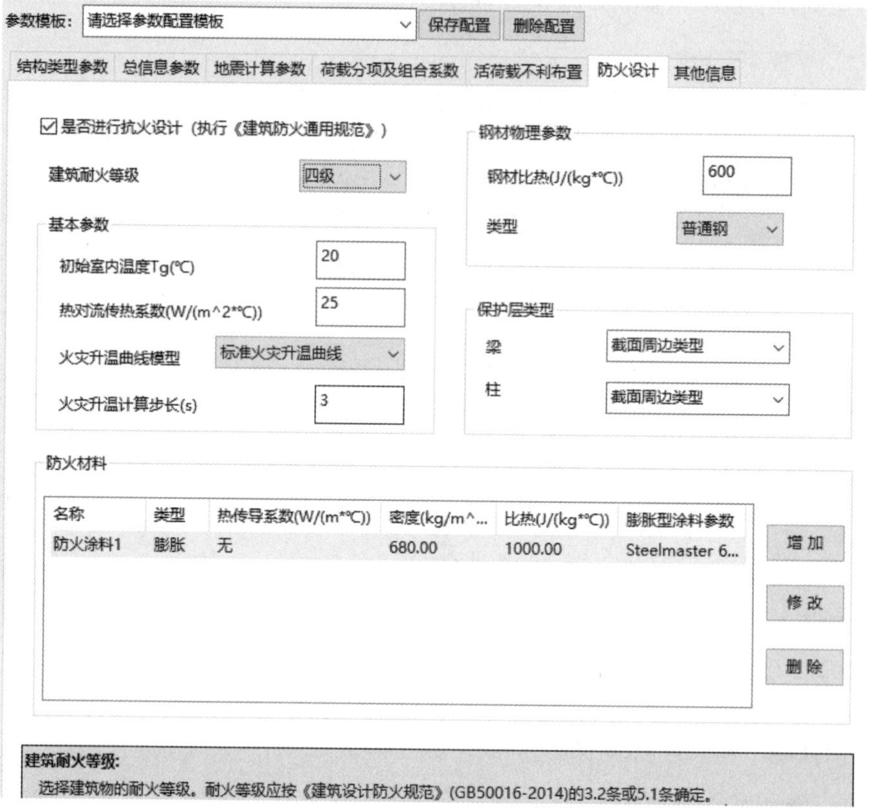

图 5-36 防火设计

到建筑专业所确定的耐火等级,对于本案例,可选择四级。

初始室内温度:计算火灾发展到 t 时刻的热烟气平均温度的一个参数,根据现行国家标准《建筑钢结构防火技术规范》GB 51249 的规定,取 20 即可。

热对流传热系数:计算火灾下受火钢构件温度的一个参数,根据现行国家标准《建筑钢结构防火技术规范》GB 51249 的规定,取 25 即可。

火灾升温曲线模型:计算火灾下热烟气平均温度的一个参数,根据建筑物内所堆放材料的燃烧特点选择。标准火灾升温曲线,适用于以纤维类火灾为主的建筑,其可燃物主要为一般可燃物,如木材、纸张、棉花、布匹、衣物等,可混有少量塑料或合成材料。烃类火灾升温曲线,适用于可燃物以烃类材料为主的场所,如石油化工建筑及生产、存放烃类材料、产品的厂房等。此处,可选择标准火灾升温曲线。

火灾升温计算步长:计算受火钢构件火灾持续到 t 时刻时,钢构件温度的一个参数,由于现行国家标准《建筑钢结构防火技术规范》GB 51249 所给出的钢构件的升温计算公式为增量公式,需要逐步迭代计算。其中,时间步长 Δt 不宜过大,以保证计算精度。此处按照默认值 3s 是可以保证足够的计算精度的。

钢材比热:计算受火钢构件火灾持续到 t 时刻时,钢构件温度的一个参数,根据钢材的物理性质填写,默认值 600 是准确的。

类型:钢材有普通钢和耐火钢两类,其中耐火钢的耐火性能更好,能更容易地满足防火设计的要求，相应的单价也就更高，根据实际工程中所使用的钢材类型选择即可。此处选择更普遍使用的普通钢，对于普通钢，在做好防火保护的前提下，也同样可以满足防火设计的要求。

保护层类型：工程中常用的防火保护层做法可分为两种：外边缘型保护（即软件中的截面周边类型），即防火保护层全部沿着钢构件的外表面进行保护；还有非外边缘型保护（即软件中的截面矩形类型），即全部或部分防火保护层不沿着钢构件的外表面进行保护。可以根据实际的防火保护层做法选择此参数，此处，可选择截面周边类型。

截面周边类型示意如图 5-37 所示，截面矩形类型示意如图 5-38 所示。

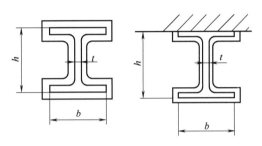

图 5-37　截面周边类型示意图

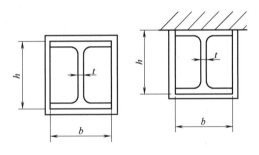

图 5-38　截面矩形类型示意图

防火涂料：点击增加按钮弹出如图 5-39 所示的对话框。

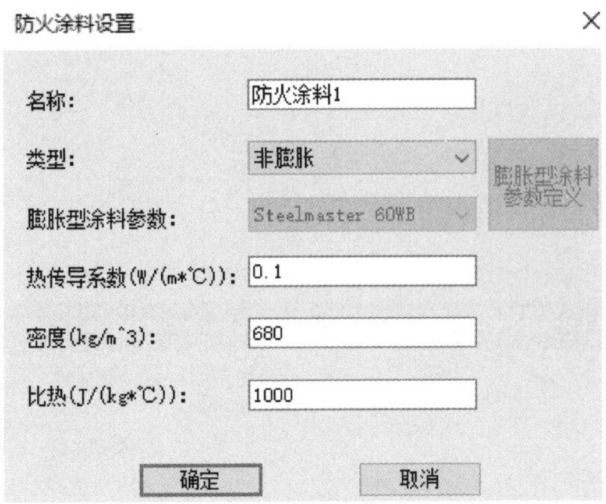

图 5-39　防火涂料设置

名称：可以自定义防火做法的名称，能够区分各种不同的做法即可。

类型：防火涂料分为膨胀型和非膨胀型，根据实际所选用的防火涂料的类型选择即可，此处选择非膨胀型，软件对于非膨胀型防火涂料，可以计算出满足防火要求的防火涂料的最小使用厚度。

热传导系数：计算火灾有防火保护情况下钢构件升温的一个参数，根据实际防火涂料的性质填写。该参数可以直观反映出单位厚度的防火材料的传热能力，该参数越大，则表明防火材料的导热能力越强，那么，为了满足相应的防火设计要求（即要求防火保护层满足一定的隔热能力），防火保护层的施用厚度也将越厚，对于非膨胀型防火涂料，该参数与最终计算出的防火涂料的施用厚度成正比变化。

密度、比热：防火材料的两个物理参数，根据防火材料的物理性质填写即可。对于轻质防火保护层，在不考虑防火保护层的吸热因素从而影响钢构件升温的情况下，这两个参数无须干涉。

（7）其他信息如图 5-40 所示。

图 5-40　其他信息

无须干涉，全部按默认即可。

（8）验算规范的选择如图 5-41、图 5-42 所示。

查看各个构件的验算规范是否为《门规》。

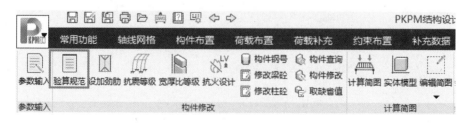

图 5-41　检查验算规范

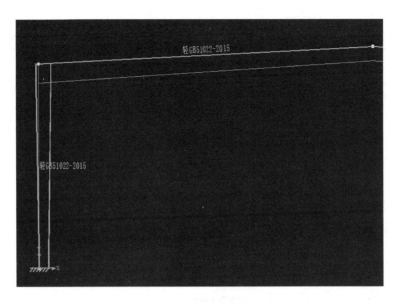

图 5-42 验算规范设置

(9) 查看计算简图如图 5-43 所示。

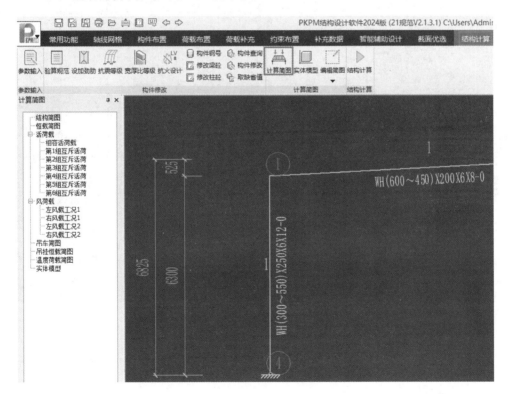

图 5-43 查看计算简图

(10) 结构计算如图 5-44 所示。

图 5-44　结构计算

5.5　STS刚架计算控制指标判别

1. 应力比

应力比计算结果如图 5-45 所示。

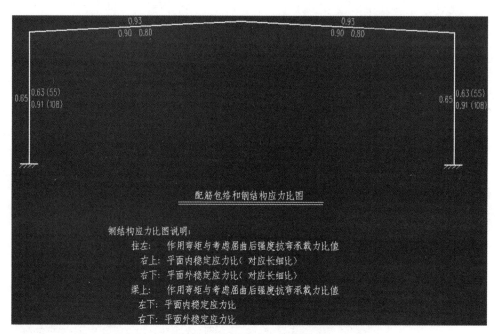

图 5-45　查看应力比计算结果

思考题：刚架的应力比能否做到 0.99？

在荷载及参数等相关因素都输入准确的前提下，可以做到 0.99。

2. 构件长细比

长细比计算结果图形显示同应力比计算结果。

长细比限值指标，按《门规》表 3.4.2-1、表 3.4.2-2（本书中表 5-6、表 5-7）的规定。

受压构件的长细比限值　　　　　　　　　　表 5-6

构件类别	长细比限值
主要构件	180
其他构件及支撑	220

受拉构件的长细比限值　　　　　　　　　　表 5-7

构件类别	承受静力荷载或间接承受动力荷载的结构	直接承受动力荷载的结构
桁架杆件	350	250
吊车梁或吊车桁架以下的柱间支撑	300	—
除张紧的圆钢或钢索支撑除外的其他支撑	400	—

注：1. 对承受静力荷载的结构，可仅计算受拉构件在竖向平面内的长细比；
　　2. 对直接或间接承受动力荷载的结构，计算单角钢受拉构件的长细比时，应采用角钢的最小回转半径；在计算单角钢交叉受拉杆件平面外长细比时，应采用与角钢肢边平行轴的回转半径；
　　3. 在永久荷载与风荷载组合作用下受压时，其长细比不宜大于 250。

3. 防火设计

软件输出了无防护下钢结构最大升温、临界温度、防火保护层所需要的等效热阻和计算所需保护层厚度。在其他设计条件不变，仅改变防火材料性质的前提下，无防护下钢结构最大升温、临界温度和防火保护层所需要的等效热阻这三个计算结果不会改变，其中防火保护层厚度仅非膨胀型防火材料输出，且与防火材料的热传导系数成正比变化（图 5-46）。

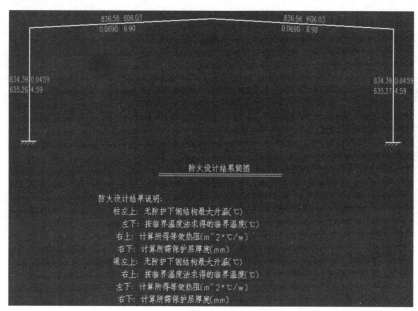

图 5-46　查看防火设计结果

4. 挠度

挠度计算结果需要控制（恒＋活）挠度值以及屋面坡度改变值。

点击计算结果查询中的钢梁挠度按钮（图5-47）：

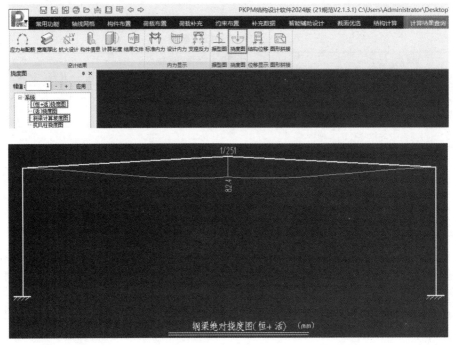

图5-47 钢梁挠度结果

挠度限值指标，按《门规》表3.3.2（本书表5-8）的规定，仅支承压型钢板屋面和冷弯型钢檩条的门式刚架斜梁取$L/180$。计算结果判定：$L/251 < L/180$满足规范要求。

钢梁坡度图（用来查看屋面坡度改变值）如图5-48所示。

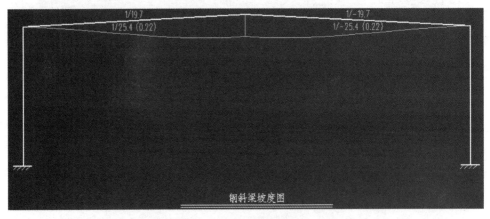

图5-48 钢梁坡度改变图

《门规》第3.3.3条规定：由柱顶位移和构件挠度产生的屋面坡度改变值，不应大于坡度设计值的$1/3$。

计算结果判定：$0.23 < 1/3$，满足规范要求。

受弯构件的挠度与跨度比限值（mm） 表 5-8

构件类别			构件挠度限值
竖向挠度	门式刚架斜梁	仅支承压型钢板屋面和冷弯型钢檩条	$L/180$
		尚有吊顶	$L/240$
		有悬挂起重机	$L/400$
	夹层	主梁	$L/400$
		次梁	$L/250$
	檩条	仅支承压型钢板屋面	$L/150$
		尚有吊顶	$L/240$
	压型钢板屋面板		$L/150$
水平挠度	墙板		$L/100$
	抗风柱或抗风桁架		$L/250$
	墙梁	仅支承压型钢板墙	$L/100$
		支承砌体墙	$L/180$ 且 $\leqslant 50\text{mm}$

注：1. 表中 L 为跨度；
2. 对门式刚架斜梁，L 取全跨；
3. 对悬臂梁，按悬伸长度的 2 倍计算受弯构件的跨度。

解读：

① 钢梁挠度限值为受弯构件的挠度限制，目的是通过限制构件的刚度来满足结构的使用要求，因为挠度太大会严重影响使用以及增加人的感官危险程度。

② 屋面坡度改变值限值的目的是如果屋面坡度改变值太大，那么对于屋面板的变形能力以及屋面板之间的连接要求都会大大提高，这对于板材的选择和施工工艺的控制会有很大的难度，正因为难以实现就会造成屋面容易漏水。

5．侧移

选择计算结果查询中的结构位移按钮如图 5-49～图 5-54 所示。

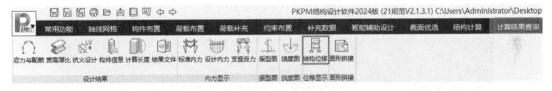

图 5-49　位移显示

图 5-50　查看不同工况下的位移图

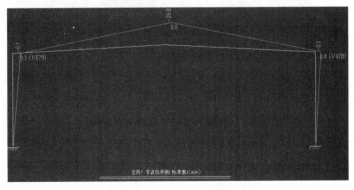

图 5-51　左风 1 位移图

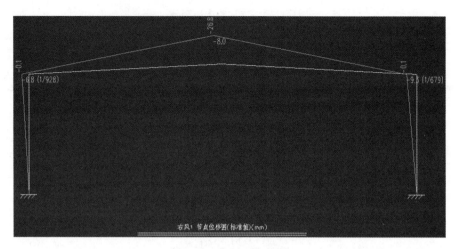

图 5-52 右风 1 位移图

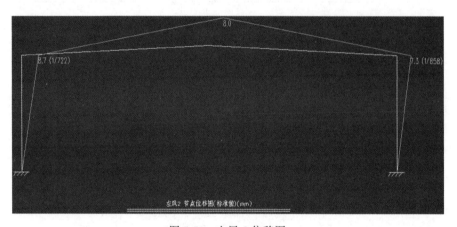

图 5-53 左风 2 位移图

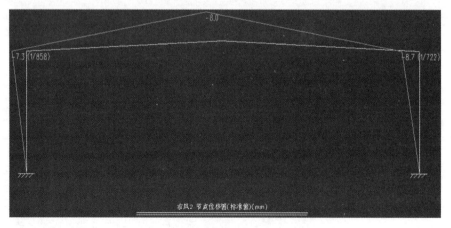

图 5-54 右风 2 位移图

思考题：风荷载下侧向位移超限的本质是什么？

其本质是刚架的侧向刚度不足，需要增大侧向刚度。

刚架柱顶位移限值指标,按《门规》表 3.3.1(本书表 5-9)的规定,无吊车,当采用轻型钢墙板时取 $h/60$。

刚架柱顶位移限值 (mm)　　　　　　　　　　表 5-9

吊车情况	其他情况	柱顶位移限值
无吊车	当采用轻型钢墙板时	$h/60$
	当采用砌体墙时	$h/240$
有桥式吊车	当吊车有驾驶室时	$h/400$
	当吊车由地面操作时	$h/180$

注:表中 h 为刚架柱高度。

轻型钢结构位移限值的确定必须考虑到以下因素:

(1) 不能影响到次结构与主结构之间、围护结构与次结构之间的连接承载能力以及围护结构连接处的水密性;

(2) 不能导致屋面板排水坡度的过度平缓,从而引起平坡积水和渗漏;

(3) 不能引起屋面和楼面梁以及悬挂顶棚产生视觉上明显和过分的挠度;

(4) 由于抗风柱的支承,端部刚架梁竖向位移较小,而中部刚架梁位移相对较大,结构位移不能引起屋脊线的明显挠曲;

(5) 不能导致维修时屋面的扭曲运动;

(6) 风荷载作用下结构不产生过度扭曲运动及嘎吱声;

(7) 不致影响和危及悬挂于刚架梁上吊车的正常运行;

(8) 不致影响和危及轨道吊车的正常运行;

(9) 不能导致内外砖墙的开裂破坏。

5.6 优化分析思考题

(1) 刚架的整体优化思路,如何做使用钢量最省?

1) 钢梁和钢柱尽量充分利用其截面特性;

2) 钢梁和钢柱的截面尽量随着弯矩图和剪力图变化;

3) 钢梁和钢柱的连接其刚度要匹配,否则刚接效果不好。

(2) 超限调整思路(调整思路是与力学及基本原理密切相关的)。

1) 强度超限,如何调整?

一般情况下是梁抗弯强度容易超限,此时调整梁高是比较有效的措施,如果是抗剪强度控制,则增加腹板厚度最有效。

2) 平面内稳定超限,如何调整?

增加梁平面内惯性矩或者减少平面内计算长度,增加梁高或增大翼缘厚度可以有效地增加平面内惯性矩,增大柱子截面,加强柱子对梁的约束可以减少梁平面内计算长度,通常不选择这么做,代价太大且效果不如加梁高或增大梁翼缘厚度那么明显。

3) 平面外稳定超限,如何调整?

增加梁平面外惯性矩或者减少平面外计算长度,增加梁宽或增大翼缘厚度可以有效地增加平面外惯性矩,通过设置屋面梁隅撑,梁平面外设置为考虑隅撑支撑的梁,可以有效地减少梁平面外计算长度。

4）长细比超限，如何调整？

减少计算长度或者增大截面，哪个方向超限就减小相应方向的计算长度或增大构件相应方向的截面回转半径。

5）挠度超限，如何调整？

增大钢梁截面，其中增加梁高最有效。

6）侧移超限，如何调整？

增加刚架侧向刚度，增大梁、柱截面高度最有效。

5.7　STS 绘制施工图

（1）选择绘制施工图模块如图 5-55 所示。

图 5-55　绘制施工图模块

（2）节点设计如图 5-56 所示。

图 5-56　节点设计

（3）设置绘图参数如图 5-57 所示。

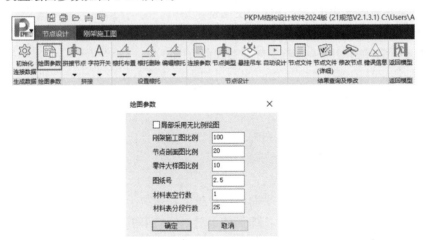

图 5-57　设置绘图参数

（4）如有拼接节点需要修改，可以通过"拼接节点"按钮修改拼接点，删除拼接点或设置拼接节点（图 5-58、图 5-59）。

（5）檩托布置如图 5-60 所示。

图 5-58　拼接点设置

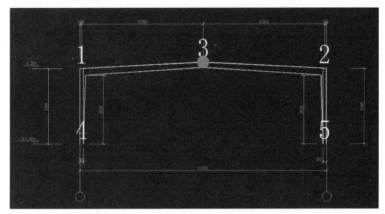

图 5-59　拼接点位置示意图

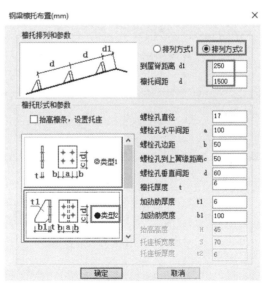

图 5-60　檩托布置

（6）设置连接参数如图 5-61、图 5-62 所示。

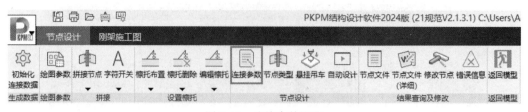

图 5-61 连接参数设置

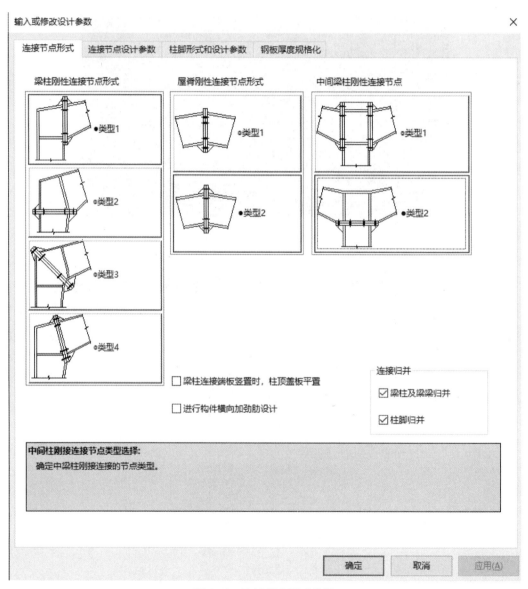

图 5-62 连接节点形式参数

梁柱刚性连接节点形式：选择类型 1，端板竖放的方式，保证钢柱竖向连续。

屋脊刚性连接节点形式：优先选择类型 2，在翼缘板外侧也布置螺栓，这样布置可以有效地增大螺栓群的抵抗弯矩的力臂。

中间梁柱刚性连接节点：一般选择类型2，连接构造形式简单，不仅少很多拼接点而且施工也方便。

梁柱连接端板竖置时，柱顶盖板平置：可以勾选或不勾选，该参数影响的是施工图中柱顶盖板是水平放置的还是按屋面斜梁坡度倾斜放置。

进行构件横向加劲肋设计：勾选此项时，门式刚架梁、柱构件在设计时考虑利用腹板屈曲后强度，如若腹板太薄，不能满足计算要求，则可以考虑设置横向加劲肋，当然也可以采用增加腹板厚度的做法，但增加腹板厚度的做法比较费钢材。

连接归并：两个选项都勾选，选择让软件对所设计的连接节点类型进行归并，减少连接节点的种类。

高强度螺栓连接类型：一般选择摩擦型连接。《门规》第10.2.2条对十分重要的结构或承受动力荷载的结构，尤其是荷载引起反向应力时，应该用摩擦型高强度螺栓，此时可把未发挥的螺栓潜能作为安全储备（图5-63）。

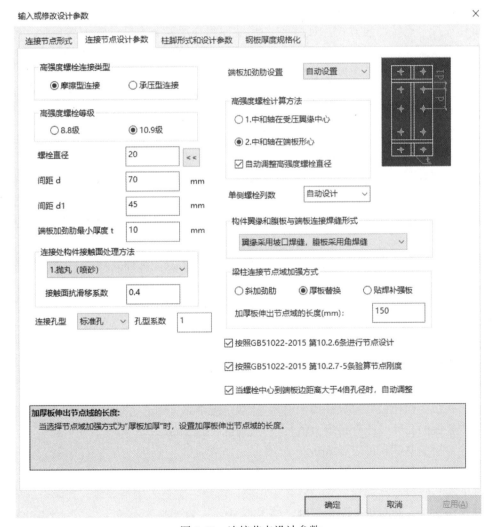

图5-63　连接节点设计参数

高强度螺栓等级：一般选择 10.9 级。常见高强度螺栓的性能等级分为 8.8 级和 10.9 级，其中扭剪型只在 10.9 级中使用。

螺栓直径：20mm。《门规》第 10.2.2 条高强度螺栓直径应根据受力确定，可采用 M16～M24 螺栓。

间距 d：70mm，间距 d_1：45mm。螺栓直径取 20mm，满足《门规》第 10.2.4 条螺栓端距不应小于 2 倍螺栓孔径；螺栓中距不应小于 3 倍螺栓孔径的要求。

连接处构件接触面处理方法：按实际的施工工艺确定，对于高强度螺栓摩擦型连接，处理方法不同，会影响到螺栓的抗剪承载能力。

端板加劲肋设置：选择让程序自动设置。

高强度螺栓计算方法：中和轴位于端板形心，选择此项更符合摩擦型高强度螺栓群的工作原理。

自动调整高强度螺栓直径：勾选此项，让软件自动选择最合适的螺栓直径。

构件翼缘和腹板与端板连接焊缝形式：翼缘采用坡口焊缝，腹板采用角焊缝。翼缘采用坡口焊缝即等强连接，而腹板采用角焊缝，施工方便。

梁柱连接节点域加强方式：对焊接 H 形截面组合梁，节点域计算不满足时，可以在节点域处设置斜加劲肋，将节点域处的较薄腹板用厚板替换或在节点域处的较薄腹板表面贴焊补强板，此处选择采用厚板替换方式。

加厚板伸出节点域的长度：当节点域加强方式选择厚板替换方式时，需要设置所替换厚板伸出节点域的长度，根据现行国家标准《钢结构设计标准》GB 50017 第 12.3.3 条第 4 款第 1 项规定，加厚节点域的柱腹板，腹板加厚的范围应伸出梁的上下翼缘外不小于 150mm，此处填写最小值 150mm。

按照《门规》第 10.2.6 条进行节点设计：当节点处内力较小时，即使端板连接按所受最大内力计算，其结果可能依然是端板连接太小，端板连接节点不容易满足刚性连接的要求，因此补充按能够承受不小于较小被连接截面承载力的一半设计可以有效避免这种不利情况。

按照《门规》第 10.2.7-5 条验算节点刚度：勾选此项，选择让软件自动按规范要求验算节点刚度。

当螺栓中心到端板边距离大于 4 倍孔径时，自动调整：勾选此项，选择让软件自动调整螺栓的布置。

柱脚形式和设计参数如图 5-64 所示。

柱脚锚栓钢号：可选择 Q235 或 Q345，此处选择 Q235。

柱脚锚栓直径：此处选择的是柱脚锚栓的最小直径。

柱脚底板锚栓孔径（比直径增大值）：一般情况下是 5mm，方便柱安装定位。

锚栓垫板的孔径（比直径增大值）：一般情况下是 2mm。

锚栓垫板的厚度：可取 20mm。

基础混凝土等级 C：根据实际情况选择，此处选择 C30。

柱下端与底板连接焊缝形式：翼缘采用坡口焊缝，腹板采用角焊缝。翼缘采用坡口焊缝，即等强连接，而腹板采用角焊缝，施工方便。

柱脚抗剪键：截面形式可选择热轧普通槽钢或热轧普通工字钢，此处选择热轧普通槽

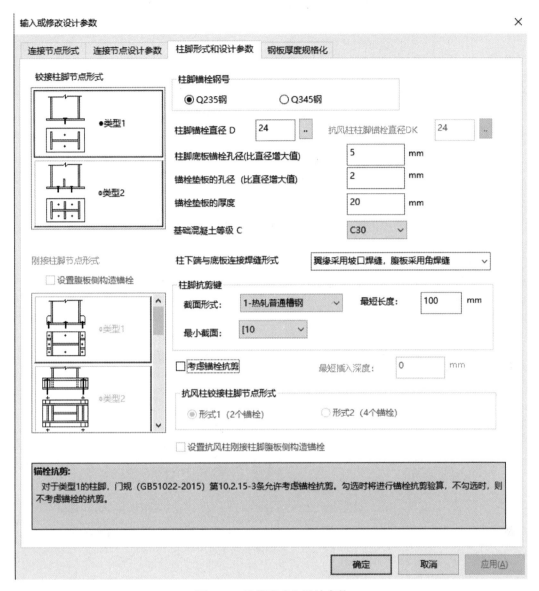

图 5-64 柱脚形式和设计参数

钢，通常最小截面选择 [10 或 I10，最短长度 100mm。

考虑锚栓抗剪：不勾选此项，剪力由柱脚底板与混凝土基础间的摩擦力抵抗，当柱底水平剪力大于摩擦力时，设置柱脚抗剪键。《门规》第 10.2.15-3 条：当剪力由不带靴梁的锚栓承担时，应将螺母、垫板与底板焊接。如果设置抗剪键确有困难时，对于不带靴梁的柱脚锚栓也可勾选此项，让锚栓来承担柱底剪力。

该参数可不必设置，让软件自动选择合适的钢板厚度（图 5-65）。

（7）节点自动设计完成后查看错误信息，检查是否所有节点均设计通过（图 5-66）。若存在错误信息，需要回到建模界面调整，直到没有错误信息为止。

（8）绘制刚架施工图如图 5-67～图 5-70 所示。

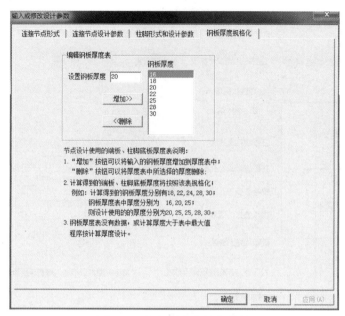

图 5-65　钢板厚度规格化参数

图 5-66　节点自动设计

图 5-67　绘制刚架施工图

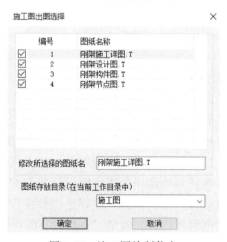

图 5-68　施工图绘制信息

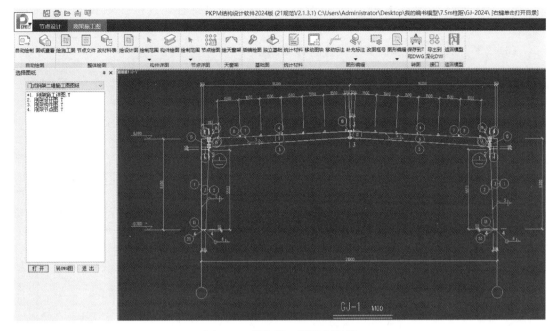

图 5-69 刚架施工图绘制结果

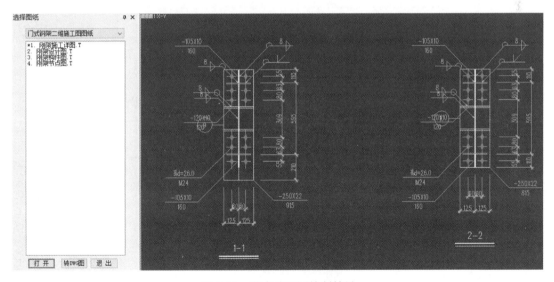

图 5-70 节点施工图绘制结果

经过结构探索者软件处理后，修改为符合设计院习惯的结构施工图（图 5-71）。

说明：

（1）本设计按现行国家标准《钢结构设计标准》GB 50017 和《门规》进行设计。

（2）刚架上预留檩托详见屋面及墙面檩条布置图。

（3）材料：未特殊注明的钢板及型钢为 Q345 钢，焊条为 E50 系列焊条。

（4）以上节点，未注明板厚为 8mm，未注明焊脚为 6mm；对接焊缝的焊缝质量不低于二级。

(5) 构件的拼接连接采用 10.9 级摩擦型连接高强度螺栓，连接接触面的处理采用喷砂。

(6) "▼" 表示此处屋面檩条设置隅撑 YC1。

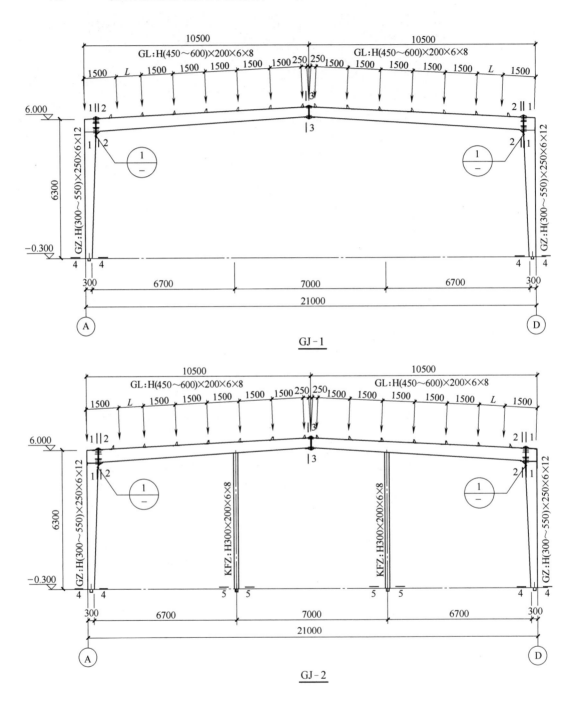

图 5-71 刚架施工图（一）

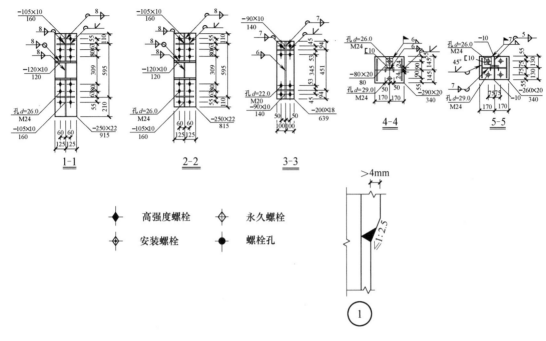

图 5-71 刚架施工图（二）

5.8 力学知识

（1）结构力学：结构的几何构造分析，一榀刚架是否几何不可变很重要（图 5-72）。

图 5-72（b）符合结构力学中的三刚片原则，为没有多余约束的静定结构，故图 5-72（a）为有一个多余约束的超静定结构，因此本案例为几何不可变的稳定结构。很多新人很容易忽视此步骤，这不仅会造成复杂项目极易形成几何可变的不稳定结构，而且有些时候由于对出现多余约束的部位有异常超限信息不知道是为什么，结果在计算分析时像一只无头苍蝇乱调模型，即使调过模型也是把构件截面加的非常之大，造成不必要的浪费。

（2）结构力学：结构的受力分析，受力分析是优化设计的前提（图 5-73）。

（3）材料力学：梁的挠度计算、组合变形、压杆稳定、欧拉公式、截面的几何性质（静矩、形心、惯性矩），充分利用材料的特性是节约钢材的有效手段之一。

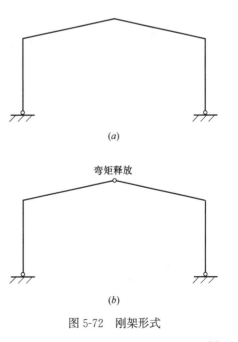

图 5-72 刚架形式

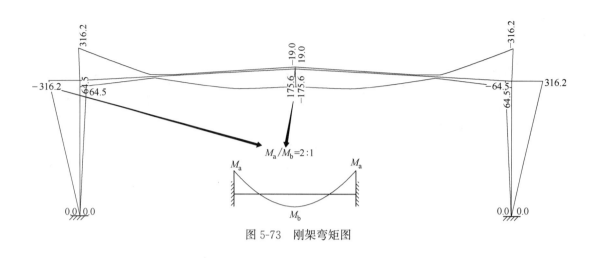

图 5-73 刚架弯矩图

5.9 设计理论

结构刚度是结构抵抗变形的能力，刚度愈大，结构的变形就愈小，例如门式刚架是一种由横梁和柱组成的简单结构。结构的刚度是由构件刚度和构件之间的连接形式确定的，例如，横梁和柱的刚度以及梁柱之间的刚性连接就形成了门式刚架刚度。门式刚架要验算屋面竖向荷载下横梁的挠度和风荷载作用下刚架檐口处的侧向位移，因此在设计中要计算门式刚架横梁刚度以及整体抗侧移的刚度。

（1）横向风荷载、横向地震作用以及横向吊车刹车力均由门式刚架自身的刚度完成。

（2）纵向风荷载、纵向地震作用以及纵向吊车刹车力由于纵向刚度太弱，因此需由纵向柱间支撑完成。

5.10 图集构造

门式刚架设计常用的图集如下：
（1）门式刚架轻型房屋钢结构（无吊车）23G518-1；
（2）门式刚架轻型房屋钢结构（有悬挂吊车）04SG518-2；
（3）门式刚架轻型房屋钢结构（有吊车）19G518-3；
（4）多跨门式刚架轻型房屋钢结构（无吊车）07SG518-4。

5.11 规范条文链接

规范条文链接如图 5-74 所示。
以下内容均选自《门规》：
6.1.1 门式刚架应按弹性分析方法计算。
6.1.2 门式刚架不宜考虑应力蒙皮效应，可按平面结构分析内力。
6.1.3 当未设置柱间支撑时，柱脚应设计成刚接，柱应按双向受力进行设计计算。

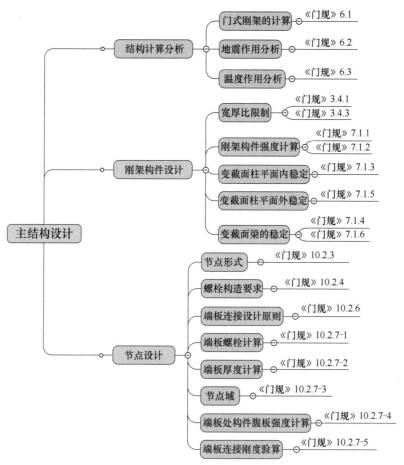

图 5-74 规范条文链接

解读：

① 当未设置纵向柱间支撑时，纵向力的传递就不能由柱间支撑直接传给柱脚，此时，需要钢柱自身具有较强平面外刚度来传力，因此柱脚如果不设计成刚接，很难满足这种需要。

② 在立柱采用箱形柱的情况下，门式刚架宜采用空间模型分析（相当于纵横向都类似于钢框架），箱形柱应按照双向压弯计算。

3.4.1 钢结构构件的壁厚和板件宽厚比应符合下列规定：

1 用于檩条和墙梁的冷弯薄壁型钢，壁厚不宜小于1.5mm。用于焊接主刚架构件腹板的钢板，厚度不宜小于4mm；当有根据时，腹板厚度可取不小于3mm。

2 构件中受压板件的宽厚比，不应大于现行国家标准《冷弯薄壁型钢结构技术规范》GB 50018 规定的宽厚比限值；主刚架构件受压板件中，工字形截面构件受压翼缘板自由外伸宽度 b 与其厚度 t 之比，不应大于 $15\sqrt{235/f_y}$；工字形截面梁、柱构件腹板的计算高度 h_w 与其厚度 t_w 之比，不应大于 250。当受压板件的局部稳定临界应力低于钢材屈服强度时，应按实际应力验算板件的稳定性，或采用有效宽度计算构件的有效截面，并验算构件的强度和稳定。

工字钢截面示意如图 5-75 所示。

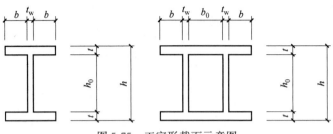

图 5-75 工字形截面示意图

解读：

① 板件不发生局部失稳的设计准则：

准则 1：局部稳定临界应力大于屈服点

$$\sigma_{cr} > f_y$$

准则 2：局部稳定临界应力大于整体稳定临界应力

$$\sigma_{cr} > \varphi_b f_y$$

准则 3：局部稳定临界应力大于实际工作应力

$$\sigma_{cr} > \sigma$$

显然，准则 1 是控制更严的，如果受压板件的 $\sigma_{cr} < f_y$ 时，按实际应力验算板件的稳定性，这实际上是让板件更不容易失稳。

② 如果受压板件的 $\sigma_{cr} < f_y$ 时，采用有效宽度计算构件的有效截面，并验算构件的强度和稳定。注意：此时的验算对象变换成构件而不是板件。

③ 腹板高厚比取消了与屈服强度的关联，直接采用 250 的限值。

10.2.3 门式刚架横梁与立柱连接节点，可采用端板竖放（图 10.2.3a）、平放（图 10.2.3b）和斜放（图 10.2.3c）三种形式。斜梁与刚架柱连接节点的受拉侧，宜采用端板外伸式，与斜梁端板连接的柱的翼缘部位应与端板等厚；斜梁拼接时宜使端板与构件外边缘垂直（图 10.2.3d），应采用外伸式连接，并使翼缘内外螺栓群中心与翼缘中心重合或接近。连接节点处的三角形短加劲板长边与短边之比宜大于 1.5∶1.0，不满足时可增加板厚。

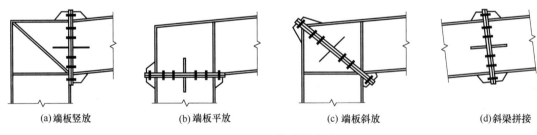

(a) 端板竖放　　(b) 端板平放　　(c) 端板斜放　　(d) 斜梁拼接

图 10.2.3 刚架连接节点

解读：

① 在端板连接中可采用高强度螺栓摩擦型或承压型连接，目前工程上以摩擦型连接居多，但不得用普通螺栓来代替高强度螺栓，因为端板厚度是根据端板屈服线发挥的承载

力确定的,只有采用按规范施加预拉力的高强度螺栓,才可能出现上述屈服线。

② 连接节点一般采用端板平放和竖放的形式,就这两种连接节点而言,笔者更倾向于端板竖向放置,虽然从施工方便的角度来讲,平放更具优势,但是为保证竖向构件连续,采用竖向放置更好。当节点设计时螺栓较多而不能布置时,可采用端板斜放的连接形式,有利于布置螺栓,加长抗弯连接的力臂。近几年的试验与工程破坏事故表明,长短边长之比小于 1.5∶1.0 的三角形短加劲板不能确保外伸端板强度。

10.2.4 端板螺栓宜成对布置。螺栓中心至翼缘板表面的距离,应满足拧紧螺栓时的施工要求,不宜小于 45mm。螺栓端距不应小于 2 倍螺栓孔径;螺栓中距不应小于 3 倍螺栓孔径。当端板上两对螺栓间最大距离大于 400mm 时,应在端板中间增设一对螺栓。

10.2.5 当端板连接只承受轴向力和弯矩作用或剪力小于其抗滑移承载力时,端板表面可不作摩擦面处理。

解读:

① 端板螺栓主要受拉而不是受剪,其作用方向与端板垂直。美国金属房屋制造商协会 MBMA 规定螺栓间距不得大于 600mm,本条结合我国情况适当减小。

② 同济大学进行的系列试验表明:在抗滑移承载力计算时,考虑涂刷防锈漆的干净表面情况,抗滑移系数可取 0.2。具体可根据涂装方法及涂层厚度,按《门规》表 3.2.6-2 取值来计算抗滑移承载力。

10.2.6 端板连接应按所受最大内力和按能够承受不小于较小被连接截面承载力的一半设计,并取两者的大值。

解读:

当节点处内力较小时,即使端板连接按所受最大内力计算,其结果可能依然是端板连接太小,端板连接节点不容易满足刚性连接的要求,因此补充按能够承受不小于较小被连接截面承载力的一半设计可以有效避免这种不利情况。

10.2.7 端板连接节点设计应包括连接螺栓设计、端板厚度确定、节点域剪应力验算、端板螺栓处构件腹板强度、端板连接刚度验算,并应符合下列规定:

1 连接螺栓应按现行国家标准《钢结构设计规范》GB 50017 验算螺栓在拉力、剪力或拉剪共同作用下的强度。

2 端板厚度 t 应根据支承条件确定(图 10.2.7-1),各种支承条件端板区格的厚度应分别按下列公式计算:

1) 伸臂类区格

$$t \geqslant \sqrt{\frac{6e_f N_t}{bf}} \tag{10.2.7-1}$$

2) 无加劲肋类区格

$$t \geqslant \sqrt{\frac{3e_w N_t}{(0.5a + e_w)f}} \tag{10.2.7-2}$$

3) 两邻边支承类区格

当端板外伸时
↙该边简支
$$t \geqslant \sqrt{\frac{6e_f e_w N_t}{[e_w b + 2e_f(e_f + e_w)]f}} \tag{10.2.7-3}$$

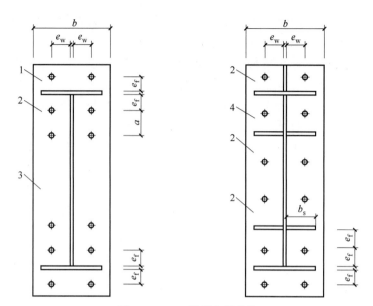

图 10.2.7-1　端板支承条件
1—伸臂；2—两边；3—无肋；4—三边

当端板平齐时
该边固支

$$t \geqslant \sqrt{\frac{12e_f e_w N_t}{[e_w b + 4e_f(e_f + e_w)]f}} \quad (10.2.7\text{-}4)$$

4）三边支承类区格

$$t \geqslant \sqrt{\frac{6e_f e_w N_t}{[e_w(b + 2b_s) + 4e_f^2]f}} \quad (10.2.7\text{-}5)$$

式中：N_t——一个高强度螺栓的受拉承载力设计值（N/mm²）；

e_w、e_f——分别为螺栓中心至腹板和翼缘板表面的距离（mm）；

b、b_s——分别为端板和加劲肋板的宽度（mm）；

a——螺栓的间距（mm）；

f——端板钢材的抗拉强度设计值（N/mm²）。

5）端板厚度取各种支承条件计算确定的板厚最大值，但不应小于16mm及0.8倍的高强度螺栓直径。

3　门式刚架斜梁与柱相交的节点域（图10.2.7-2a），应按下式验算剪应力，当不满足式（10.2.7-6）要求时，应加厚腹板或设置斜加劲肋（图10.2.7-2b）。

$$\tau = \frac{M}{d_b d_c t_c} \leqslant f_v \quad (10.2.7\text{-}6)$$

式中：d_c、t_c——分别为节点域的宽度和厚度（mm）；

d_b——斜梁端部高度或节点域高度（mm）；

M——节点承受的弯矩（N·mm），对多跨刚架中间柱处，应取两侧斜梁端弯矩的代数和或柱端弯矩；

f_v——节点域钢材的抗剪强度设计值（N/mm²）。

4　端板螺栓处构件腹板强度应按下列公式计算：

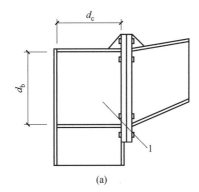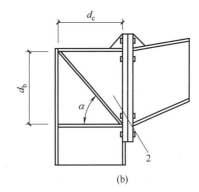

图 10.2.7-2 节点域
1—节点域；2—使用斜向加劲肋补强的节点域

当 $N_{t2} \leqslant 0.4P$ 时 $\qquad \dfrac{0.4P}{e_w t_w} \leqslant f \qquad (10.2.7\text{-}7)$

当 $N_{t2} > 0.4P$ 时 $\qquad \dfrac{N_{t2}}{e_w t_w} \leqslant f \qquad (10.2.7\text{-}8)$

式中：N_{t2}——翼缘内第二排一个螺栓的轴向拉力设计值（N/mm²）；
$\quad P$——1 个高强度螺栓的预拉力设计值（N）；
$\quad e_w$——螺栓中心至腹板表面的距离（mm）；
$\quad t_w$——腹板厚度（mm）；
$\quad f$——腹板钢材的抗拉强度设计值（N/mm²）。

5 端板连接刚度应按下列规定进行验算：
1）梁柱连接节点刚度应满足下式要求：

$$R \geqslant 25EI_b/l_b \qquad (10.2.7\text{-}9)$$

式中：R——刚架梁柱转动刚度（N·mm）；
$\quad I_b$——刚架横梁跨间的平均截面惯性矩（mm⁴）；
$\quad l_b$——刚架横梁跨度（mm），中柱为摇摆柱时，为摇摆柱与刚架柱距离的 2 倍；
$\quad E$——钢材的弹性模量（N/mm²）。

2）梁柱转动刚度应按下列公式计算：

$$R = \dfrac{R_1 R_2}{R_1 + R_2} \qquad (10.2.7\text{-}10)$$

$$R_1 = Gh_1 d_c t_p + Ed_b A_{st} \cos^2\alpha \sin\alpha \qquad (10.2.7\text{-}11)$$

$$R_2 = \dfrac{6EI_e h_1^2}{1.1 e_f^3} \qquad (10.2.7\text{-}12)$$

式中：R_1——与节点域剪切变形对应的刚度（N·mm）；
$\quad R_2$——连接的弯曲刚度，包括端板弯曲、螺栓拉伸和柱翼缘弯曲所对应的刚度（N·mm）；
$\quad h_1$——梁端翼缘板中心间的距离（mm）；
$\quad t_p$——柱节点域腹板厚度（mm）；

I_e——端板惯性矩（mm^4）；
e_f——端板外伸部分的螺栓中心到其加劲肋外边缘的距离（mm）；
A_{st}——两条斜加劲肋的总截面积（mm^2）；
α——斜加劲肋倾角（°）；
G——钢材的剪切模量（N/mm^2）。

解读：

确定端板厚度时，根据支承条件将端板划分为外伸板区、无加劲肋板区、两相邻边支承板区（其中，端板平齐式连接时将平齐边视为简支边，外伸式连接时才将该边视为固定边）和三边支承板区，然后分别计算各板区在其特定屈服模式下螺栓达极限拉力、板区材料达全截面屈服时的板厚。在此基础上，考虑到限制其塑性发展和保证安全性的需要，将螺栓极限拉力用抗拉承载力设计值代换，将板区材料的屈服强度用强度设计值代换，并取各板区厚度最大值作为所计算端板的厚度。这种端板厚度计算方法，大体上相当于塑性分析和弹性设计时得出的板厚。当允许端板发展部分塑性时，可将所得板厚乘以 0.9。

门式刚架梁柱连接节点的转动刚度如与理想刚接条件相差太大时，如仍按理想刚接计算内力与确定计算长度，将导致结构可靠度不足，成为安全隐患。本条关于节点端板连接刚度的规定参考欧洲钢结构设计规范 EC3，符合本条相关公式的梁柱节点接近于理想刚接。试验表明：节点域设置斜加劲肋可使梁柱连接刚度明显提高，斜加劲肋可作为提高节点刚度的重要措施。

5.12 绘图软件

使用 TSSD 对 STS 施工图后处理。

6 围护系统的设计

图 6-1～图 6-6 为某围护系统设计图。本章将依据此套图纸进行软件计算说明。

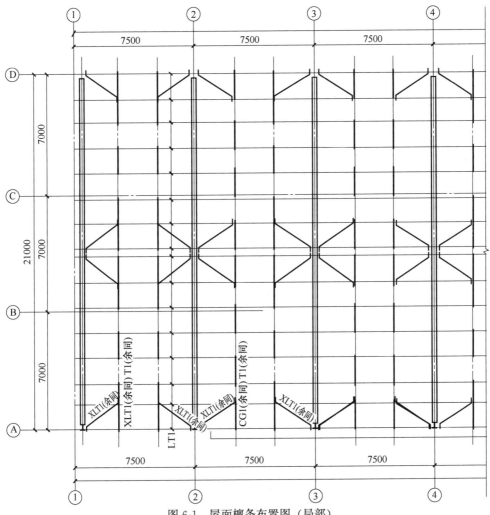

图 6-1 屋面檩条布置图（局部）

构件编号	型号	材质	备注
LT1	XZ180×70×20×2.2	Q345A	连续檩条屋面端跨
LT2	XZ180×70×20×2.0	Q345A	连续檩条屋面中间跨
T1	$\phi 12$	HPB300	直拉条
CG1	$\phi 12 + \phi 40 \times 2$	HPB300 Q235B	撑杆
XLT1	$\phi 12$	HPB300	斜拉条
YC1	L50×5	Q235B	隅撑

图 6-2 屋面檩条构件列表

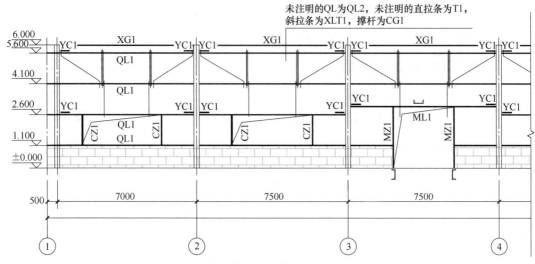

图 6-3 ①～④轴墙面檩条布置图(局部)

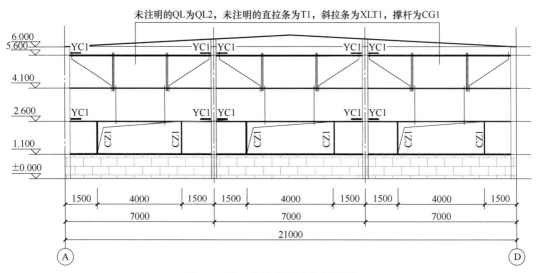

图 6-4 Ⓐ～Ⓓ轴墙面檩条布置图

构件编号	型号	材质	备注
QL1	C220×75×20×2.0	Q345A	简支墙面檩条
QL2	C220×70×20×2.0	Q345A	简支墙面檩条
T1	$\phi 12$	HPB300	直拉条
CG1	$\phi 12 + \phi 40 \times 2$	HPB300 Q235B	撑杆
XLT1	$\phi 12$	HPB300	斜拉条
YC1	∟50×5	Q235B	隅撑
ZC1	$\phi 20$	Q235B	柱间支撑
MZ1	⊏20a	Q235B	门柱
ML1	⊏20a	Q235B	门梁
CZ1	C220×70×20×2.0	Q345A	窗柱

图 6-5 墙面檩条构件列表

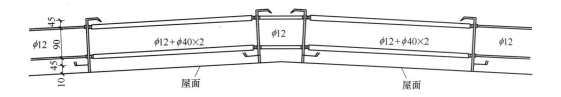

屋脊檩条连接大样图1

屋面檩条连接大样图2

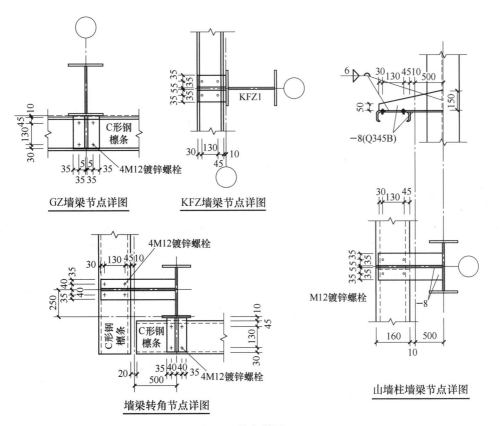

图 6-6 节点详图（一）

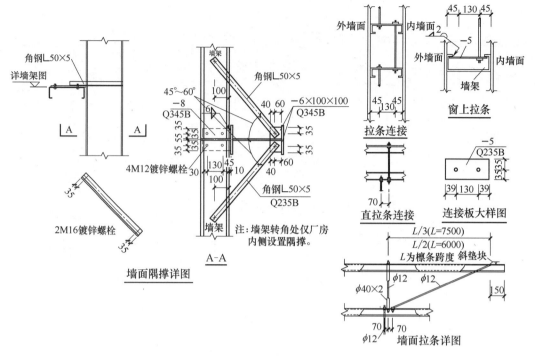

图 6-6 节点详图（二）

附注：
(1) 隅撑布置、檩条定位详见刚架立面图。
(2) 拉条及圆钢支撑杆件紧张力度应适当，不得使檩条产生过大变形。
(3) 小雨篷及檩条做法详见次节点，本图未画出。

6.1 分析软件

6.1.1 檩条设计

(1) 选择钢结构模块中的工具箱如图 6-7 所示。

图 6-7 工具箱

（2）选择钢结构工具中的连续檩条如图6-8所示。

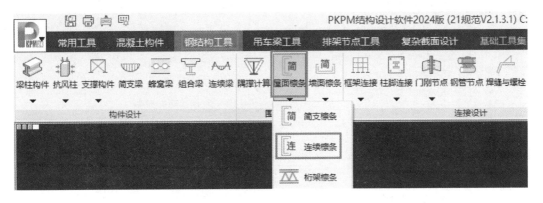

图6-8　连续檩条计算

（3）输入连续檩条的设计参数如图6-9、图6-10所示。

图6-9　连续檩条定义

75

图 6-10 作用荷载与分析参数

参数说明：

1) 檩条形式

《门规》：

9.1.1 檩条宜采用实腹式构件，也可采用桁架式构件；跨度大于 9m 的简支檩条宜采用桁架式构件。

9.1.2 实腹式檩条宜采用直卷边槽形和斜卷边 Z 形冷弯薄壁型钢，斜卷边角度宜为 60°，也可采用直卷边 Z 形冷弯薄壁型钢或高频焊接 H 型钢。

9.1.3 实腹式檩条可设计成单跨简支构件也可设计成连续构件，连续构件可采用嵌套搭接方式组成，计算檩条挠度和内力时应考虑因嵌套搭接方式松动引起刚度的变化。

实腹式檩条也可采用多跨静定梁模式（图 9.1.3），跨内檩条的长度 l 宜为 $0.8L$，檩条端头的节点应有刚性连接件夹住构件的腹板，使节点具有抗扭转能力，跨中檩条的整体稳定按节点间檩条或反弯点之间檩条为简支梁模式计算。

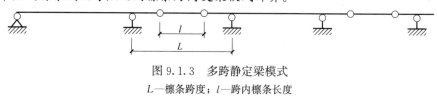

图 9.1.3 多跨静定梁模式
L—檩条跨度；l—跨内檩条长度

解读：

① 连续檩条的力学模型为超静定结构，它能够承受更大的荷载和变形。因为连续檩条充分利用了支座位置的连续对跨中弯矩的削弱，所以采用连续檩条可节省材料，但其制作、安装都比较麻烦，一般檩条跨度较大时才用。连续檩条的工作性能是通过牺牲构件的搭接长度来获得的，连续檩条一般跨度大于 6m 时才考虑采用，否则并不一定能达到经济的目的。计算搭接长度按檩条跨度的 1/10 考虑，也等同于跨内檩条的长度为 $0.8L$，只有这样才能视为连续。

连续檩条为考虑嵌套搭接的松动影响，计算挠度时，双檩条搭接段可按 0.5 倍的单檩条刚度拟合；计算内力时，可按均匀连续单檩条计算，但支座处要释放 10%的弯矩转移到跨中。

② 新增跨度大于 9m 的简支檩条宜采用桁架式构件的做法。当檩条跨度大于 9m 时，如果采用简支实腹式檩条，由于跨中弯矩增加太大，势必需要很大的檩条截面，这是很不经济的，《门规》给出了除连续檩条之外的简支桁架式檩条的做法，并且给出了具体的计算方法。

③ 过去的钢结构手册 Z 形檩条斜卷边角度按 45°，偏小，对翼缘的约束不利。在浙江大学和杭萧钢构所做的连续檩条受力试验中，可观察到斜卷边为 45°时的檩条嵌套搭接端头有明显的展平趋势。按有限元理论分析，卷边对翼缘的约束与卷边角度的 $\sin^2\theta$ 成正比，故建议斜卷边角度以 60°为宜。

2）钢材型号

程序提供 Q235 钢和 Q345 钢，对于型钢檩条一般选择 Q235，当檩条截面由强度控制时，可采用 Q345 钢，当檩条截面由挠度控制时，采用 Q345 钢意义不大。

3）屋面材料

选择压型钢板，表示檩条仅支承压型钢板屋面，选择 2—有吊顶，表示檩条支承压型钢板屋面及吊顶，现在的做法一般是不让吊顶直接悬在檩条上，而采用其他方式悬挂吊顶。

4）屋面倾角

由屋面坡度换算得到的倾角。

5）檩条间距

根据屋面材料、天窗、通风屋脊、采光带的影响来确定檩条间距，考虑到施工铺设屋面板的需要，一般檩条间距取 1.5m，也有大于 1.5m 的情况，注意檩条间距不应大于所选用屋面板的规格对应的最大容许值。

6）檩条跨度

檩条跨度根据主刚架的梁的间距来确定。

7）净截面系数

一般取近似值 0.9～0.95，在进行强度验算时，用以考虑由于连接开孔对所验算截面强度产生的影响，可以根据毛截面扣除自攻螺钉孔径（自攻螺钉位于檩条上翼缘或下翼缘，规格一般采用 M6，不宜小于 M5）以及拉条开孔（如果计算截面附近有拉条开孔，且拉条开孔位于檩条腹板，拉条一般采用直径为 12mm 的圆钢）以后的净截面模量除以毛截面模量得到，如果此数设置为 1 表示没有截面削弱，此数值只对强度应力有影响，对稳定应力和挠度无影响。

8) 屋面板能阻止檩条上翼缘侧向失稳

当勾选此项时表示屋面板与檩条有可靠连接，比如，压型钢板采用自攻螺钉与檩条固定（屋面板和檩条连接宜采用带橡皮垫圈的自攻螺钉，参见《门规》中第 11.1.6 条），可有效阻止檩条上翼缘的侧向失稳，对于采用直立缝锁边或扣合式连接屋面板则不应作为檩条的侧向支撑。

9) 构造保证下翼缘风吸力受压作用稳定性

当勾选此项时意味着已经在构造上采取措施确保檩条下翼缘在风吸力下的稳定性，比如，在靠近檩条下翼缘 1/3 高度附近按照构造要求布置了拉条或者檩条下翼缘用自攻螺钉连接了内衬板，如果认为有可靠保障则勾选此项，否则不要勾选，勾选了此项以后程序不再进行下翼缘稳定性验算。

10) 拉条设置

用户应根据檩条跨度设置拉条根数，当檩条跨度小于或等于 6m 时，宜在檩条间跨中位置设置拉条或撑杆；当檩条跨度大于 6m 时，应在檩条跨度三分点处各设一道拉条或撑杆，参见《门规》第 9.3.1 条。

11) 拉条作用

用户可根据拉条布置情况选择拉条约束上翼缘、约束下翼缘和约束上下翼缘。当拉条布置在靠近檩条上翼缘 1/3 高度附近时，则勾选约束上翼缘；当拉条布置在靠近檩条下翼缘 1/3 高度附近时，则勾选约束下翼缘，上下翼缘附近都布置了拉条则勾选约束下翼缘和约束上下翼缘。一般当屋面板与檩条通过自攻螺钉连接有可靠约束时，可取消上部拉条，将拉条布置在下翼缘附近较为妥当。同理，如果檩条下翼缘与内衬板通过自攻螺钉连接有可靠约束，则可取消下部拉条。总之，拉条的作用就是防止檩条侧向变形和扭转并为受压檩条翼缘提供侧向支撑点。

12) 验算规范

程序根据用户所选的截面形式自动给出相应的规范进行验算，即热轧选用现行国家标准《钢结构设计标准》GB 50017，冷弯选择现行国家标准《冷弯薄壁型钢结构技术规范》GB 50018，不管哪种截面，都提供《门规》选项。

13) 风吸力作用验算方法

在风吸力作用下，受压下翼缘的稳定性应按现行国家标准《冷弯薄壁型钢结构技术规范》GB 50018 的规定计算；当受压下翼缘有内衬板约束且能防止檩条截面扭转时，整体稳定性可不做计算。

14) 边跨檩条轴力设计值

当檩条兼作刚性系杆时，必须考虑轴力，即此时檩条按压弯构件验算，通常单独设置刚性系杆，所以一般此项输入 0 即可。

15) 屋面自重

这里不包括檩条，即屋面自重；屋面板自重（如果有保温棉，则包含保温棉）＋屋面连接件自重，选最不利开间，按照实际的屋面用材计算，即不仅要考虑屋面板，而且还要考虑屋面连接件总重转化到所计算檩条受荷面上的面荷载，用户可以逐项计算再累加，此处选择 $0.16kN/m^2$。

16) 屋面活载

采用压型钢板轻型屋面时，屋面活载取 $0.5kN/m^2$，参见《门规》第 4.1.3 条。

注意：此处万不能选择刚架计算时的屋面活载 $0.3kN/m^2$，因为檩条的受荷面积不可能超过 $60m^2$。

17) 雪荷载

参见现行国家标准《建筑结构荷载规范》GB 50009 第 7 章或根据当地资料取用，雪荷载不与非上人屋面活载同时考虑，应取两者中的较大值，参见《门规》第 4.5.1-1 条或《建筑结构荷载规范》GB 50009 第 5.3.3 条。

18) 积灰荷载

参见现行国家标准《建筑结构荷载规范》GB 50009 第 5.4.1 条或根据当地资料取用，对于有落差的部位应考虑增大系数，参见现行国家标准《建筑结构荷载规范》GB 50009 第 5.4.2 条，积灰荷载与雪荷载或屋面活载中的较大值同时考虑，参见《门规》第 4.5.1-2 条或现行国家标准《建筑结构荷载规范》GB 50009 第 5.4.3 条。

19) 施工荷载

对于檩条的设计，应在跨中布置施工或检修集中荷载验算檩条的强度，施工荷载一般取 1.0kN，当实际施工荷载超过 1.0kN 时，取实际施工荷载，参见《门规》第 4.1.4 条或现行国家标准《建筑结构荷载规范》GB 50009 第 5.5.1 条，施工荷载不与面板自重、檩条自重以外的其他荷载同时考虑，参见《门规》第 4.5.1-3 条。

20) 建筑形式

根据实际的受风压力的墙面上孔口总面积和建筑物其余外包面积的比例，分为部分封闭式和封闭式，此外选择封闭式，可参见《门规》第 2.1.9 条和第 2.1.10 条关于部分封闭式建筑和封闭式建筑的名词解释。

21) 分区

分为中间区、边区和角部，此处选择角部和边部，可参见《门规》第 2.1.13 条关于中间区的名词解释以及图 4.2.2-1～图 4.2.2-3、图 4.2.2-4（a）～图 4.2.2-4（c）。

22) 基本风压值

基本风压采用现行国家标准《建筑结构荷载规范》GB 50009 附录表 E.5 给出的 50 年一遇的风压，但不得小于 $0.3kN/m^2$，此处选择 $0.35kN/m^2$。

23) 风压调整系数

根据《门规》第 4.2.1 条关于 β 取值的规定，在计算檩条、墙梁、屋面板和墙面板及其连接时，取 $\beta=1.5$。

门式刚架轻型房屋钢结构属于对风荷载比较敏感的结构，实际工程中经常会出现屋面板及其他围护结构被风掀起的现象，因此考虑阵风作用是很有必要的，所以计算檩条、墙梁和屋面板及其连接时 β 系数取 1.5。此系数为新增部分，使《门规》的风荷载和现行国家标准《建筑结构荷载规范》GB 50009 的风荷载基本协调一致。

注意：具体详见现行国家标准《工程结构通用规范》GB 55001：

4.6.5 当采用风荷载放大系数的方法考虑风荷载脉动的增大效应时，风荷载放大系数应按下列规定采用：

2 围护结构的风荷载放大系数应根据地形特征、脉动风特性和流场特征等因素确定，且不应小于 $1+\dfrac{0.7}{\sqrt{\mu_z}}$，其中 μ_z 为风压高度变化系数。

综上所述：本案例屋脊高度＜10m，$\mu_z=1.0$，故屋面檩条及墙面檩条风荷载调整系数（放大系数）为1.7。

24) 风压高度变化系数

由边缘带最高点的高度以及地面粗糙度决定，查现行国家标准《建筑结构荷载规范》GB 50009 表 8.2.1，此处选择 1。

25) 风吸力/压力荷载系数

根据《门规》第 4.2.2 条确定，在正确输入檩条跨度、檩条间距、建筑形式、屋面形式、檩条所属分区的前提下，软件可自动计算出风吸力/压力荷载系数。

26) 檩条库

这里包括规范标准檩条数据，也可以根据实际计算结果，查看哪些验算项目具有很明显的富余量．然后再适当定义截面，使材料充分发挥作用，最大程度地节省钢材用量。

值得注意的是，当结构跨度和长度比较大的时候，在改变檩条截面尤其是厚度方面也可以降低不少用钢量。

连续檩条计算书：

- - - - - 设计信息 - - - - -

钢材型号：Q345

檩条间距（m）：1.500

连续檩条跨数：5 跨及以上

边跨跨度（m）：7.000

中间跨跨度（m）：7.500

设置拉条数：2

拉条作用：约束上、下翼缘

屋面倾角（°）：2.860

屋面材料：压型钢板屋面（无吊顶）

验算规范：《门式刚架轻型房屋钢结构技术规范》GB 51022—2015

风吸力作用下翼缘受压稳定验算方法：按式（9.1.5-3）验算

容许挠度限值 $[v]$：$l/150$

边跨挠度限值：46.667（mm）

中跨挠度限值：50.000（mm）

屋面板能否阻止檩条上翼缘受压侧向失稳：不能

是否采用构造保证檩条风吸力下翼缘受压侧向失稳：不采用

计算檩条截面自重作用：计算

活荷作用方式：考虑最不利布置

强度计算净截面系数：0.900

搭接双檩刚度折减系数：0.500

支座负弯矩调幅系数：0.900
边跨檩条截面：XZ180×70×20×2.2
中间跨檩条截面：XZ180×70×20×2.0
程序优选确定搭接长度：
边跨支座搭接长度：0.720（边跨端：0.350；中间跨端：0.370）
中间跨支座搭接长度：0.750（支座两边均分）

- - - - - 设计依据 - - - - -

《建筑结构荷载规范》GB 50009—2012
《冷弯薄壁型钢结构技术规范》GB 50018—2002
《门式刚架轻型房屋钢结构技术规范》GB 51022—2015
《工程结构通用规范》GB 55001—2021

- - - - - 檩条作用与验算 - - - - -

1. 截面特性计算

边跨檩条截面：XZ180×70×20×2.2
b=70.00；h=180.00；c=20.00；t=2.20；
A=7.6690e-04；Ix=4.4859e-06；Iy=3.6761e-07；
Wx1=5.6570e-05；Wx2=4.1226e-05；Wy1=1.1136e-05；Wy2=1.2351e-05；
卷边的宽厚比 C/T=9.091≤13.0，满足要求。
卷边宽度与翼缘宽度之比 C/B=0.286，0.25≤0.286≤0.326，满足要求。
中间跨檩条截面：XZ180×70×20×2.0
b=70.00；h=180.00；c=20.00；t=2.00；
A=6.9920e-04；Ix=4.1031e-06；Iy=3.3722e-07；
Wx1=5.1502e-05；Wx2=3.7679e-05；Wy1=1.0191e-05；Wy2=1.1289e-05；
卷边的宽厚比 C/T=10.000≤13.0，满足要求。
卷边宽度与翼缘宽度之比 C/B=0.286，0.25≤0.286≤0.326，满足要求。

2. 檩条上荷载作用

△ 恒荷载
屋面自重（kN/m²）：0.1600；
边跨檩条自重作用折算均布线荷（kN/m）：0.0602；
中间跨檩条自重作用折算均布线荷（kN/m）：0.0549；
边跨檩条计算恒荷线荷标准值（kN/m）：0.3002；
中间跨檩条计算恒荷线荷标准值（kN/m）：0.2949。
△ 活荷载（包括雪荷载与施工荷载）
屋面活载（kN/m²）：0.500；
屋面雪载（kN/m²）：0.600；
施工荷载（kN）：1.000；
施工荷载不起到控制作用；
檩条计算活荷线荷标准值（kN/m）：0.9000（活载与雪荷的较大值）。
△风荷载
建筑形式：封闭式；

风压高度变化系数 μz：1.000；

基本风压值 W0（kN/m^2）：0.350；

风压调整系数：1.700；

边跨檩条作用风载分区：角部；

边跨檩条作用风载体型系数（风吸力）$\mu s1$：−1.280；

边跨檩条作用风载体型系数（风压力）$\mu s2$：0.380；

中间跨檩条作用风载分区：边缘带；

中间跨檩条作用风载体型系数（风吸力）$\mu s1$：−1.280；

中间跨檩条作用风载体型系数（风压力）$\mu s2$：0.380；

边跨檩条作用风荷载线荷载标准值（风吸力）（kN/m）：−1.1424；

边跨檩条作用风荷载线荷载标准值（风压力）（kN/m）：0.3392；

中间跨檩条作用风荷载线荷载标准值（风吸力）（kN/m）：−1.1424；

中间跨檩条作用风荷载线荷载标准值（风压力）（kN/m）：0.3392。

说明：作用分析采用檩条截面主惯性轴面计算，荷载作用也按主惯性轴分解；

檩条截面主惯性轴面与竖直面的夹角：−19.333（单位：°，向檐口方向偏为正）。

3. 荷载效应组合

△ 基本组合

组合1：1.3恒＋1.5活＋0.9×1.5×积灰＋0.6×1.5×风压

组合2：1.3恒＋0.7×1.5×活＋1.5×积灰＋0.6×1.5×风压

组合3：1.3恒＋0.7×1.5×活＋0.9×1.5×积灰＋1.5风压

组合4：1.0恒＋1.5风吸

△ 标准组合

组合5：1.0恒＋1.0活＋0.9×1.0×积灰＋0.6×1.0×风压

4. 边跨跨中单檩强度、稳定验算

强度计算控制截面：跨中截面

强度验算控制内力

主轴（kN·m）：M_x＝9.134；M_y＝−0.057（组合：1）

平行轴（kN·m）：M_x'＝9.692（组合：1）；M_y'＝−8.173（组合：1）

有效截面计算结果：

主轴：A_e＝7.1926e−04；

W_{ex1}＝4.7142e−05；W_{ex2}＝3.6216e−05；W_{ex3}＝5.3667e−05；W_{ex4}＝3.9947e−05；

W_{ey1}＝1.0486e−05；W_{ey2}＝1.1786e−05；W_{ey3}＝1.0675e−05；W_{ey4}＝1.1557e−05。

平行轴：

W_{ex1}'＝3.7765e−05；W_{ex2}'＝3.7765e−05；W_{ex3}'＝4.2252e−05；W_{ex4}'＝4.2252e−05；

W_{ey1}'＝1.2573e−05；W_{ey2}'＝5.2077e−04；W_{ey3}'＝1.2573e−05；W_{ey4}'＝5.2077e−04。

强度计算最大应力 σ（N/mm^2）：285.155＜f＝305.000

强度计算最大应力 τ（N/mm^2）：31.735＜f＝175.000

第一跨跨中强度验算满足。

跨中上翼缘受压稳定验算控制内力（kN·m）：M_x＝8.597；M_y＝0.400（组合：1）

有效截面计算结果：

主轴：Ae＝7.3659e-04；

Wex1＝4.8475e-05；Wex2＝3.7109e-05；Wex3＝5.3450e-05；Wex4＝3.9956e-05；
Wey1＝1.0839e-05；Wey2＝1.1834e-05；Wey3＝1.0734e-05；Wey4＝1.1962e-05。

受弯构件整体稳定系数：ϕ_b＝0.910

稳定计算最大应力（N/mm²）：288.252＜f＝305.000

第一跨跨中上翼缘受压稳定验算满足。

风吸力作用跨中下翼缘受压稳定验算控制内力（kN·m）：Mx＝－4.985；My＝－0.317（组合：4）

有效截面计算结果：

主轴：Ae＝7.5618e-04；

Wex1＝5.4143e-05；Wex2＝4.0809e-05；Wex3＝5.2347e-05；Wex4＝3.9780e-05；
Wey1＝1.0783e-05；Wey2＝1.1946e-05；Wey3＝1.0827e-05；Wey4＝1.1892e-05。

受弯构件整体稳定系数：ϕ_b＝0.926

下翼缘受压稳定计算最大应力（N/mm²）：161.966＜f＝305.000

第一跨跨中风吸力下翼缘受压稳定验算满足。

5. 边跨支座搭接部位双檩强度验算

强度验算控制内力

主轴（kN·m）：Mx＝－10.941；My＝0.346（组合：1）

平行轴（kN·m）：Mx′＝－10.187（组合：1）；My′＝－4.253（组合：1）

强度计算控制截面：中间跨檩条截面

单根檩条有效截面计算结果：

第二根檩条（中间跨檩条截面）：

主轴：Ae＝6.7638e-04；

Wex1＝4.9336e-05；Wex2＝3.7036e-05；Wex3＝4.6063e-05；Wex4＝3.5160e-05；
Wey1＝9.8567e-06；Wey2＝1.0802e-05；Wey3＝9.8035e-06；Wey4＝1.0867e-05。

平行轴：

Wex1′＝3.9090e-05；Wex2′＝3.9090e-05；Wex3′＝3.6851e-05；Wex4′＝3.6851e-05；
Wey1′＝1.2259e-05；Wey2′＝8.6096e-04；Wey3′＝1.2259e-05；Wey4′＝8.6096e-04。

强度计算最大应力σ（N/mm²）：157.597＜f＝305.000

强度计算最大应力τ（N/mm²）：18.122＜f＝175.000

第一跨支座强度验算满足。

6. 第二跨跨中单檩强度、稳定验算

强度计算控制截面：跨中截面

强度验算控制内力

主轴（kN·m）：Mx＝7.522；My＝－0.164（组合：1）

平行轴（kN·m）：Mx′＝7.977（组合：1）；My′＝7.844（组合：1）

有效截面计算结果：

主轴：Ae＝6.4573e-04；

$W_{ex1}=4.2060e-05$；$W_{ex2}=3.2408e-05$；$W_{ex3}=4.9065e-05$；$W_{ex4}=3.6413e-05$；

$W_{ey1}=9.4640e-06$；$W_{ey2}=1.0783e-05$；$W_{ey3}=9.7673e-06$；$W_{ey4}=1.0414e-05$。

平行轴：

$W_{ex1}'=3.3703e-05$；$W_{ex2}'=3.3703e-05$；$W_{ex3}'=3.8576e-05$；$W_{ex4}'=3.8576e-05$；

$W_{ey1}'=1.1427e-05$；$W_{ey2}'=4.3332e-04$；$W_{ey3}'=1.1427e-05$；$W_{ey4}'=4.3332e-04$。

强度计算最大应力 σ（N/mm^2）：262.985＜f=305.000

强度计算最大应力 τ（N/mm^2）：33.425＜f=175.000

第二跨跨中强度验算满足。

跨中上翼缘受压稳定验算控制内力（kN·m）：M_x=7.039；M_y=0.085（组合：1）

有效截面计算结果：

主轴：A_e=6.5851e-04；

$W_{ex1}=4.3146e-05$；$W_{ex2}=3.3144e-05$；$W_{ex3}=4.8940e-05$；$W_{ex4}=3.6460e-05$；

$W_{ey1}=9.7032e-06$；$W_{ey2}=1.0816e-05$；$W_{ey3}=9.8079e-06$；$W_{ey4}=1.0689e-05$。

受弯构件整体稳定系数：ϕ_b=0.884

稳定计算最大应力（N/mm^2）：247.966＜f=305.000

第二跨跨中上翼缘受压稳定验算满足。

风吸力作用跨中下翼缘受压稳定验算控制内力（kN·m）：M_x=－2.495；M_y=－0.285（组合：4）

有效截面计算结果：

主轴：全截面有效。

受弯构件整体稳定系数：ϕ_b=0.902

下翼缘受压稳定计算最大应力（N/mm^2）：98.671＜f=305.000

第二跨跨中风吸力下翼缘受压稳定验算满足。

7. 跨中支座搭接部位双檩强度验算

强度验算控制内力

主轴（kN·m）：M_x=－9.694；M_y=0.363（组合：1）

平行轴（kN·m）：M_x'=－10.285（组合：1）；M_y'=－8.280（组合：1）

单根檩条有效截面计算结果：

主轴：A_e=6.7685e-04；

$W_{ex1}=4.9361e-05$；$W_{ex2}=3.7064e-05$；$W_{ex3}=4.6177e-05$；$W_{ex4}=3.5239e-05$；

$W_{ey1}=9.8577e-06$；$W_{ey2}=1.0797e-05$；$W_{ey3}=9.7996e-06$；$W_{ey4}=1.0868e-05$。

平行轴：

$W_{ex1}'=3.9113e-05$；$W_{ex2}'=3.9113e-05$；$W_{ex3}'=3.6932e-05$；$W_{ex4}'=3.6932e-05$；

$W_{ey1}'=1.2268e-05$；$W_{ey2}'=8.9732e-04$；$W_{ey3}'=1.2268e-05$；$W_{ey4}'=8.9732e-04$。

强度计算最大应力 σ（N/mm^2）：154.716＜f=305.000

强度计算最大应力 τ（N/mm^2）：17.642＜f=175.000

跨中支座强度验算满足。

8. 中间跨跨中单檩强度、稳定验算

强度计算控制截面：跨中截面

强度验算控制内力

主轴（kN·m）：Mx=8.130；My=－0.180（组合：1）

平行轴（kN·m）：Mx′=8.623（组合：1）；My′=7.735（组合：1）

有效截面计算结果：

主轴：Ae=6.3991e-04；

Wex1=4.1341e-05；Wex2=3.1909e-05；Wex3=4.9028e-05；Wex4=3.6302e-05；

Wey1=9.3916e-06；Wey2=1.0767e-05；Wey3=9.7502e-06；Wey4=1.0332e-05。

平行轴：

Wex1′=3.3128e-05；Wex2′=3.3128e-05；Wex3′=3.8484e-05；Wex4′=3.8484e-05；

Wey1′=1.1344e-05；Wey2′=3.9732e-04；Wey3′=1.1344e-05；Wey4′=3.9732e-04。

强度计算最大应力 σ（N/mm²）：289.214＜f=305.000

强度计算最大应力 τ（N/mm²）：32.962＜f=175.000

中间跨跨中强度验算满足。

跨中上翼缘受压稳定验算控制内力（kN·m）：Mx=8.130；My=－0.180（组合：1）

有效截面计算结果：

主轴：Ae=6.3991e-04；

Wex1=4.1341e-05；Wex2=3.1909e-05；Wex3=4.9028e-05；Wex4=3.6302e-05；

Wey1=9.3916e-06；Wey2=1.0767e-05；Wey3=9.7502e-06；Wey4=1.0332e-05。

受弯构件整体稳定系数：φb=0.884

稳定计算最大应力（N/mm²）：271.392＜f=305.000

中间跨跨中上翼缘受压稳定验算满足。

风吸力作用跨中下翼缘受压稳定验算控制内力（kN·m）：Mx=－2.820；My=－0.286（组合：4）

有效截面计算结果：

主轴：Ae=6.9864e-04；

Wex1=4.9771e-05；Wex2=3.7675e-05；Wex3=4.9675e-05；Wex4=3.7620e-05；

Wey1=9.9212e-06；Wey2=1.0938e-05；Wey3=9.9237e-06；Wey4=1.0935e-05。

受弯构件整体稳定系数：φb=0.902

下翼缘受压稳定计算最大应力（N/mm²）：109.269＜f=305.000

中间跨跨中风吸力下翼缘受压稳定验算满足。

9. 连续檩条挠度验算

验算组合：5

第一跨最大挠度（mm）：27.851

第一跨最大挠度（mm）：27.851（L/251）＜容许挠度：46.667

第一跨挠度验算满足。

第二跨最大挠度（mm）：25.173

第二跨最大挠度（mm）：25.173（L/298）＜容许挠度：50.000

第二跨挠度验算满足。

中间跨最大挠度（mm）：28.458

中间跨最大挠度（mm）：28.458（L/264）＜容许挠度：50.000
中间跨挠度验算满足。

******连续檩条验算满足。******
======计算结束======

6.1.2 墙梁设计

（1）选择钢结构模块中的工具箱，如图 6-11 所示。

图 6-11 工具箱

（2）选择钢结构工具中的简支墙梁，如图 6-12 所示。

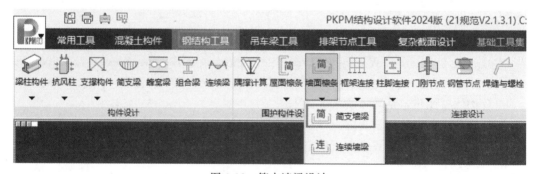

图 6-12 简支墙梁设计

（3）输入墙梁设计参数，如图 6-13 所示。

墙梁设计参数说明：

1）墙体材料

选择 1—压型钢板墙，表示墙梁支承压型钢板墙；选择 2—砌体墙，表示墙梁支承砌体墙，它们的差别是挠度限值不一样。

2）墙板设置

如果墙体材料选择的是压型钢板墙，则此选项有效。不同的墙板设置情况对应不同的

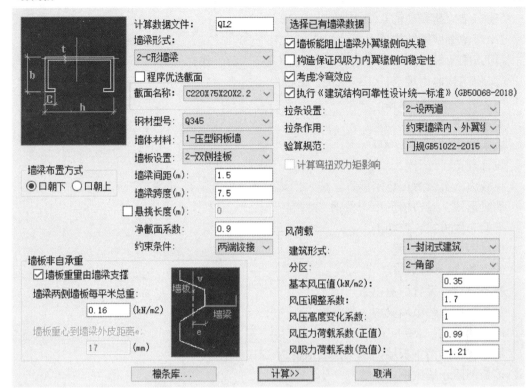

图 6-13 墙梁设计参数

验算方式，选择"1—单侧挂板"，不仅要验算墙檩的强度，而且还要验算风吸力下内侧受压翼缘的整体稳定性，参见《门规》第 9.4.4 条；选择"2—双侧挂板"，表示只验算强度，不用验算稳定性，根据实际的墙面板与墙梁的连接形式选择，参见《门规》第 9.4.5 条。

3）墙梁间距

墙梁间距取决于墙板的材料强度、尺寸、所受荷载的大小等，根据门窗、挑檐、遮雨篷等构件和围护材料的要求，综合考虑墙板板型和规格来确定檩条间距，一般墙梁间距可取 1.0~1.5m。

4）墙梁跨度

墙梁跨度根据主刚架的柱距来确定。

5）墙板非自承重

如果墙体材料选择的是砌体墙，在门式刚架结构中，砌体墙一般作为自承重墙，而非主要受力构件，相当于一种隔墙，不考虑将其作为墙梁的竖向恒载，当采用压型钢板作为墙体时多作为非自承重结构，对于墙板需要考虑其自重由墙梁传递至拉条，计为墙檩的竖向恒载。

其他参数同屋面檩条计算中的参数，此处不再赘述。

简支墙梁计算书：
=====设计依据======
《建筑结构荷载规范》GB 50009—2012
《冷弯薄壁型钢结构技术规范》GB 50018—2002
《门式刚架轻型房屋钢结构技术规范》GB 51022—2015
《工程结构通用规范》GB 55001—2021
=====设计数据======
墙梁跨度（m）：7.500
墙梁间距（m）：1.500
设计规范：《门规》
风吸力下翼缘受压稳定验算：按《门规》式（9.1.5-3）验算
墙梁形式：卷边槽形冷弯型钢 C220×75×20×2.2
墙梁布置方式：口朝下
钢材钢号：Q345 钢
约束条件：两端铰接
拉条设置：设置两道拉条
拉条作用：约束墙梁内、外翼缘
净截面系数：0.900
墙梁支承压型钢板墙，水平挠度限值为 1/100
墙板能阻止墙梁侧向失稳
构造不能保证风吸力作用墙梁内翼缘受压的稳定性
墙梁支撑墙板重量
双侧挂墙板
墙梁上方双侧板总重（kN/m²）：0.160
建筑类型：封闭式建筑
分区：边缘带
基本风压：0.350
风压调整系数：1.700
风荷载高度变化系数：1.000
风荷载系数（风压力）：0.990
风荷载系数（风吸力）：−1.210
风荷载标准值（风压力）（kN/m²）：0.589
风荷载标准值（风吸力）（kN/m²）：−0.720
=====截面及材料特性======
墙梁形式：卷边槽形冷弯型钢 C220×75×20×2.2
b=75.000　h=220.000　c=20.000　t=2.200
A=0.8620E-03　Ix=0.6268E-05　Iy=0.6171E-06
It=0.1391E-08　Iw=0.5742E-08
Wx1=0.5699E-04　Wx2=0.5699E-04　Wy1=0.2970E-04　Wy2=0.1138E-04

卷边的宽厚比 C/T＝9.091≤13.0，满足要求。
卷边宽度与翼缘宽度之比 C/B＝0.267，0.25≤0.267≤0.326，满足要求。
钢材钢号：Q345 钢
屈服强度 fy＝345.000
强度设计值 f＝305.000
考虑冷弯效应强度 f′＝318.289
＝＝＝＝＝设计内力＝＝＝＝＝＝
- -
|1.3 恒载＋1.5 风压力组合|
- -
绕主惯性轴强轴弯矩设计值（kN·m）：Mx＝9.319
绕主惯性轴弱轴弯矩设计值（kN·m）：My＝0.250
水平剪力设计值（kN）：Vx＝4.970
竖向剪力设计值（kN）：Vy＝0.600
- -
|1.3 恒载＋1.5 风吸力组合|
- -
绕主惯性轴强轴弯矩设计值（kN·m）：Mx2＝－11.390
绕主惯性轴弱轴弯矩设计值（kN·m）：My2＝0.250
水平剪力设计值（kN）：Vxw＝6.075
竖向剪力设计值（kN）：Vyw＝0.600
- -
＝＝＝＝＝风压力作用验算＝＝＝＝＝＝
抗弯控制组合：1.3 恒载＋1.5 风压力组合
有效截面特性计算结果：
Ae＝0.7804E－03　θe＝0.0000E＋00　Iex＝0.5597E－05　Iey＝0.5943E－06
Wex1＝0.5526E－04　Wex2＝0.5526E－04　Wex3＝0.4715E－04　Wex4＝0.4715E－04
Wey1＝0.2777E－04　Wey2＝0.1109E－04　Wey3＝0.2777E－04　Wey4＝0.1109E－04
截面强度（N/mm^2）：σmax＝229.588≤305.000
抗剪控制组合：1.3 恒载＋1.5 风压力组合
截面最大剪应力（N/mm^2）：τ＝15.718≤175.000
＝＝＝＝＝风吸力作用验算＝＝＝＝＝＝
组合：1.3 恒载＋1.5 风吸力
有效截面特性计算结果：
Ae＝0.7623E－03　θe＝0.0000E＋00　Iex＝0.5439E－05　Iey＝0.5881E－06
Wex1＝0.4502E－04　Wex2＝0.4502E－04　Wex3＝0.5484E－04　Wex4＝0.5484E－04
Wey1＝0.2726E－04　Wey2＝0.1101E－04　Wey3＝0.2726E－04　Wey4＝0.1101E－04
截面强度（N/mm^2）：σmaxw＝291.320≤305.000
截面最大剪应力（N/mm^2）：τw＝19.210≤175.000

=====荷载标准值作用下，挠度验算======
竖向挠度（mm）：fy＝0.640
水平挠度（mm）：fx＝34.455≤75.000

- -

=====计算满足======

- -

=====计算结束======

6.1.3　隅撑设计

（1）选择钢结构模块中的工具箱如图6-14所示。

图6-14　工具箱

（2）选择钢结构工具中的隅撑计算如图6-15所示。

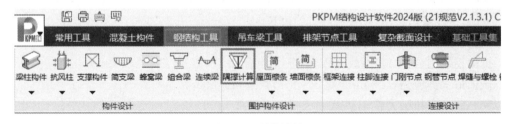

图6-15　隅撑计算

（3）输入隅撑计算参数如图6-16所示。

（4）设置檩条信息如图6-17所示。

隅撑按轴心受压构件设计，轴心受压构件的计算参见现行国家标准《钢结构设计标准》GB 50017第5.1.1条和第5.1.2条，主要验算截面强度、整体稳定性、局部稳定性以及刚度。

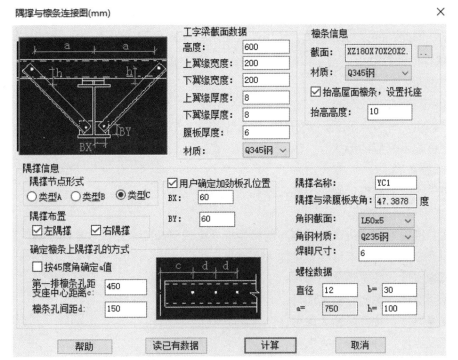

图 6-16 隅撑计算参数设置

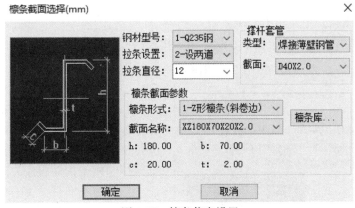

图 6-17 檩条信息设置

《门规》：

8.4.2 隅撑应按轴心受压构件设计。轴力设计值 N 可按下式计算，当隅撑成对布置时，每根隅撑的计算轴力可取计算值的 $\frac{1}{2}$。

$$N = Af/(60\cos\theta) \tag{8.4.2}$$

式中 A——被支撑翼缘的截面面积（mm^2）；

f——被支撑翼缘钢材的抗压强度设计值（N/mm^2）；

θ——隅撑与檩条轴线的夹角（°）。

解读：

① 檩条、墙梁与刚架梁、柱外翼缘相连点是钢构件的外侧支点，隅撑与刚架梁、柱

内翼缘相连点是钢构件的内侧支点，即连接在内翼缘。从受力来看，在风吸力下，内翼缘可能受压，因此，隅撑与刚架梁、柱相连点在内翼缘是必须的。

② 隅撑的计算轴力取消了以前的材料修正系数$\sqrt{f_y/235}$。

参数说明：

1）隅撑节点形式

程序提供三种节点形式，分别是与腹板连接、与节点板连接和与翼缘连接，点取相应的单选框可显示相应的形式。

2）隅撑布置

如果采用双侧隅撑，则两个多选框都选，否则只选一个。

3）工字梁截面数据

高度：准确地讲，应该为隅撑与斜梁连接处梁截面高度，此参数是决定隅撑计算长度的主要因素之一，对于楔形梁，可输入截面最高处的高度；

上翼缘宽度：按实际输入即可；

下翼缘宽度：按实际输入即可；

上翼缘厚度：按实际输入即可；

下翼缘厚度：按实际输入即可；

腹板厚度：按实际输入即可；

材质：隅撑一般选择 Q235 钢。

4）第一排檩条孔距支座中心距离 c

这里的支座中心指斜梁腹板中心线，第一排檩条孔为靠近腹板中心线的第一排连接螺栓（图 6-18）。

5）檩条孔间距 d

此参数的含义为预留孔之间的间距，至于为什么要设置预留孔，主要是考虑到隅撑与变截面梁或柱连接的时候，为了保证隅撑与刚架构件腹板的夹角不小于 45°。

当隅撑端部只设置一个檩条孔时，对于某个梁高能满足要求，但是对于梁高比较大的截面就不能满足了，这时只有通过调节檩条孔的位置才能达到夹角不小于 45°的要求，如图 6-18 所示，此间距不宜过大，过大则程序找不到使隅撑受力最小的夹角（45°夹角为最优夹角），对隅撑及其端部的连接螺栓不利，过小会造成较高的开孔费用。

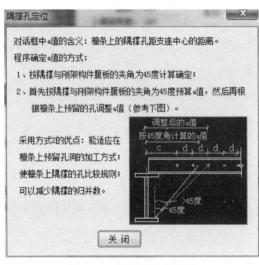

图 6-18 隅撑孔定位图示

6）隅撑与腹板夹角

不用人工输入，由程序自动计算，并自动控制最小值为 45°，隅撑与刚架构件腹板的夹角不宜小于 45°。

7) 角钢截面

目前程序只提供等边角钢。

8) 角钢材质

一般选 Q235 钢。

9) 焊脚尺寸

角钢端部的构造脚焊缝尺寸，其焊脚高度不应大于角钢肢厚。

10) 螺栓数据

直径：端部连接螺栓规格一般为 M12 或以上；

b：螺栓端距，不应小于 2 倍螺栓孔径，对于 M12，取 30mm 较合适；

a：檩条隅撑孔到斜梁腹板中心的距离，由程序自动计算，它的大小决定了隅撑的倾斜角度；

h：螺栓孔中心到檩条下翼缘的距离，当考虑隅撑对屋面斜梁的平面外计算长度的支撑作用时，隅撑的上支承点的位置不低于檩条形心线，见《门规》第 7.1.6-4 条。

隅撑计算书：

隅撑计算输出结果：

轴力 $N = A \cdot f / 60 / \cos\theta$

应力 $= N / \phi / A$

梁下翼缘截面面积 A：0.0016m^2

横梁钢材型号：Q345 钢

翼缘钢板厚度：8mm

横梁钢材屈服强度值 fy：345N/mm^2

横梁钢材强度设计值 f：305N/mm^2

角钢计算长度：967.665mm

角钢截面：L50×5

角钢回转半径：0.98cm

角钢截面面积：0.0004803m^2

角钢钢材钢号：Q235

长细比 λ：98.7414≤220

折减系数＝0.6＋0.0015×λ0.74811

稳定系数 φ：0.56313

轴力 N：5.75114kN

应力：21.2633N/mm^2＜160.844N/mm^2

螺栓计算输出结果：

檩条钢材钢号：Q235 钢

檩条的板件厚度：2mm

螺栓直径：12mm

螺栓有效截面面积：84.3mm^2

螺栓孔径：13mm

螺栓连接抗剪强度设计值：140N/mm^2

螺栓连接抗压强度设计值：305N/mm²
螺栓连接抗剪承载力设计值：15.8337kN
螺栓连接抗压承载力设计值：7.32kN
螺栓连接承载力设计值＞轴力 N＝5.75114kN
======计算满足======

6.2 设计小软件

围护结构设计常用软件为 STS 中的钢结构工具箱或 MTS tool，关于 MTS tool 中的演示，此处不再赘述。

6.3 优化分析思考题

(1)《门规》：

7.1.6 斜梁和隅撑的设计，应符合下列规定：

1 实腹式刚架斜梁在平面内可按压弯构件计算强度，在平面外应按压弯构件计算稳定。

2 实腹式刚架斜梁的平面外计算长度，应取侧向支承点间的距离；当斜梁两翼缘侧向支承点间的距离不等时，应取最大受压翼缘侧向支承点间的距离。

3 当实腹式刚架斜梁的下翼缘受压时，支承在屋面斜梁上翼缘的檩条，不能单独作为屋面斜梁的侧向支承。

4 屋面斜梁和檩条之间设置的隅撑满足下列条件时，下翼缘受压的屋面斜梁的平面外计算长度可考虑隅撑的作用：

1) 在屋面斜梁的两侧均设置隅撑；

2) 隅撑的上支承点的位置不低于檩条形心线；

3) 符合对隅撑的设计要求。

5 隅撑单面布置时，应考虑隅撑作为檩条的实际支座承受的压力对屋面斜梁下翼缘的水平作用。屋面斜梁的强度和稳定性计算宜考虑其影响。

解读：

① 实腹式刚架斜梁在平面内可按压弯构件计算强度，在平面外应按压弯构件计算稳定，实践时在软件中直接选择按压弯构件计算可同时满足平面内和平面外的计算要求。

② 实腹式刚架斜梁的平面外计算长度，应取侧向支承点间的距离，侧向支承点特指斜梁受压翼缘的支撑点，也就是说侧向支承是否有效，要看它是否支撑在斜梁的受压翼缘，比如，支承在屋面斜梁上翼缘的檩条，不能单独作为屋面斜梁的侧向支承，即：它要和隅撑组合在一起才能作为有效的侧向支承。而且当斜梁两翼缘侧向支承点间的距离不等时，应取最大受压翼缘侧向支承点间的距离，这符合最不利设计原则。

屋面斜梁的平面外计算长度取 2 倍檩距，似乎已成了一个默认的选项，有设计人员因此而认为隅撑可以间隔布置，这是不对的。本条特别强调隅撑不能作为梁固定的侧向支撑，不能充分地给梁提供侧向支撑，而仅仅是弹性支座。根据理论分析，隅撑支撑的梁的计算长度不小于 2 倍隅撑间距，即梁的平面外计算长度≥2 倍隅撑间距。举例说明，比如檩条间距1.5m，隅撑隔一布一，间距为3m，以前的做法取屋面斜梁的平面外计算长度等于隅撑的间距，即3m，但是按照新规范应该至少取6m。此处特别提醒读者注意。而且，梁下翼缘面积越大，则隅撑的支撑作用相对越弱，计算长度就越大。

单面隅撑，虽然可能可以作为屋面斜梁的平面外侧向非完全支撑，但是其副作用很严重，此时，应考虑隅撑作为檩条的实际支座承受的压力对屋面斜梁下翼缘的水平作用，这种压力对屋面斜梁的强度和稳定性计算的影响宜考虑。

（2）隅撑设计螺栓连接不满足时，怎么办？

应加大连接檩条厚度，提高螺栓连接的抗剪承载力。

（3）在建筑方案阶段能不能调整山墙柱距，利用连续梁弯矩分布的规律控制内力及檩条截面？

可以。

（4）为什么拉条约束的位置不同，导致檩条的大小相差几个级别？

这是由于檩条绕弱轴稳定的计算长度不同导致的。

6.4 图集构造

（1）《钢檩条（冷弯薄壁卷边槽钢、冷弯薄壁卷边Z形钢、高频焊接薄壁H型钢）》11G521-1；

（2）《钢墙梁（冷弯薄壁卷边槽钢、高频焊接薄型H型钢）》11G521-2。

图集中的相关构造如图6-19～图6-26所示。

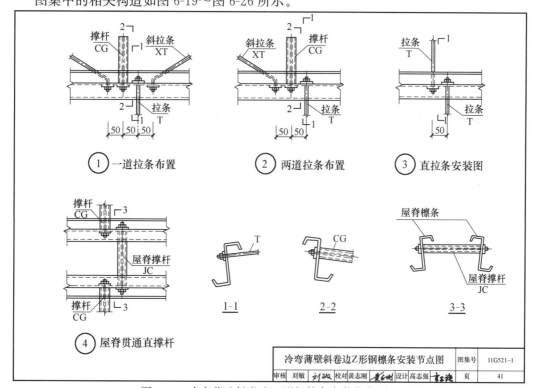

图6-19 冷弯薄壁斜卷边Z形钢檩条安装节点图一

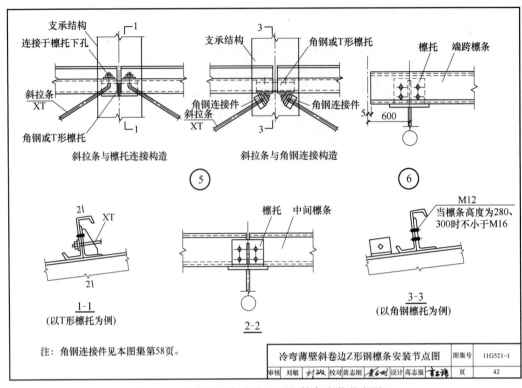

图 6-20 冷弯薄壁斜卷边 Z 形钢檩条安装节点图二

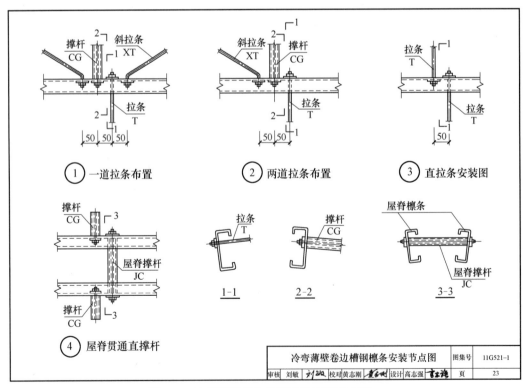

图 6-21 冷弯薄壁卷边槽钢檩条安装节点图一

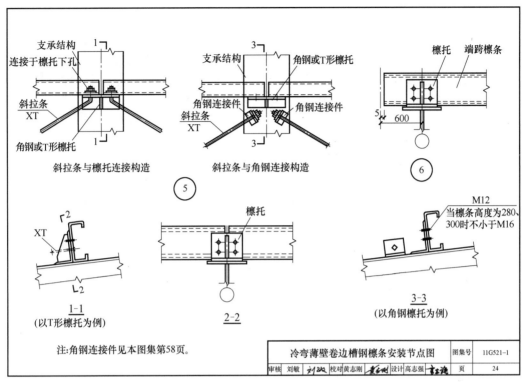

图 6-22 冷弯薄壁卷边槽钢檩条安装节点图二

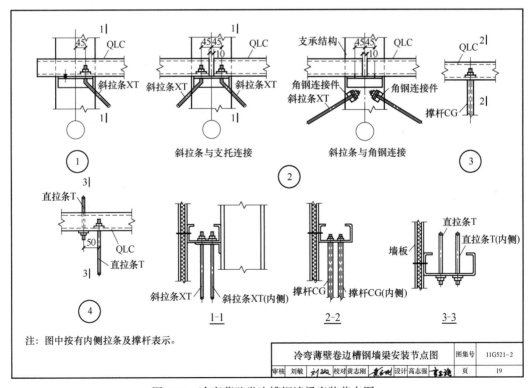

图 6-23 冷弯薄壁卷边槽钢墙梁安装节点图一

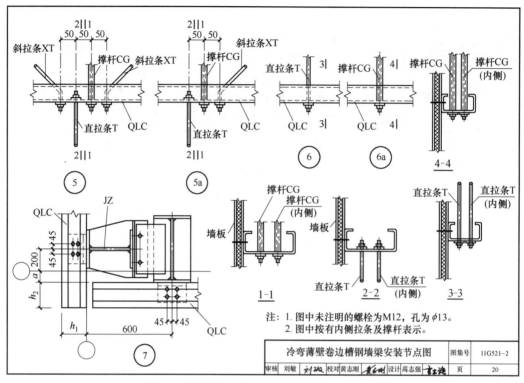

图 6-24 冷弯薄壁卷边槽钢墙梁安装节点图二

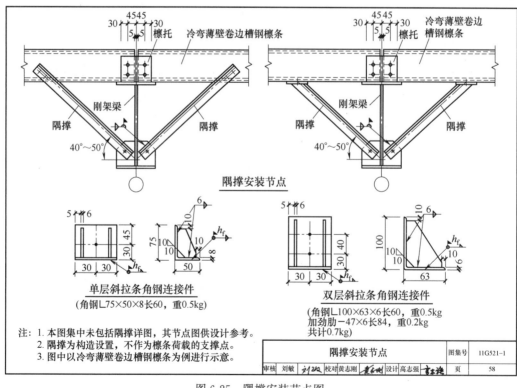

图 6-25 隅撑安装节点图

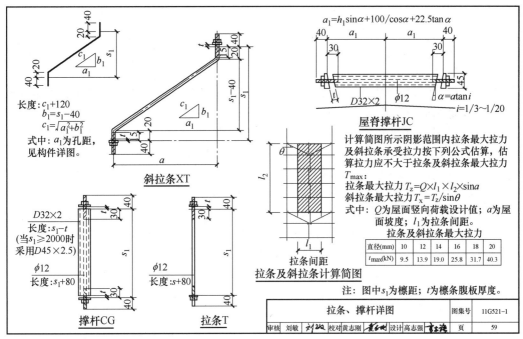

图 6-26 拉条、撑杆详图

6.5 规范条文链接

规范条文链接如图 6-27 所示。

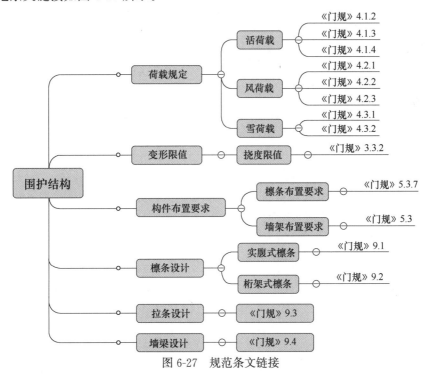

图 6-27 规范条文链接

以下内容均选自《门规》：

4.1.3 当采用压型钢板轻型屋面时，屋面按水平投影面积计算的竖向活荷载的标准值应取 $0.5kN/m^2$，对承受荷载水平投影面积大于 $60m^2$ 的刚架构件，屋面竖向均布活荷载的标准值可取不小于 $0.3kN/m^2$。

9.3.2 撑杆长细比不应大于220；当采用圆钢做拉条时，圆钢直径不宜小于10mm。圆钢拉条可设在距檩条翼缘1/3腹板高度的范围内。

9.4.1 轻型墙体结构的墙梁宜采用卷边槽形或卷边Z形的冷弯薄壁型钢或高频焊接H型钢，兼做窗框的墙梁和门框等构件宜采用卷边槽形冷弯薄壁型钢或组合矩形截面构件。

9.4.2 墙梁可设计成简支或连续构件，两端支承在刚架柱上，墙梁主要承受水平风荷载，宜将腹板置于水平面。当墙板底部端头自承重且墙梁与墙板间有可靠连接时，可不考虑墙面自重引起的弯矩和剪力。当墙梁需承受墙板重量时，应考虑双向弯曲。

9.4.3 当墙梁跨度为4～6m时，宜在跨中设一道拉条；当墙梁跨度大于6m时，宜在跨间三分点处各设一道拉条。在最上层墙梁处宜设斜拉条将拉力传至承重柱或墙架柱；当墙板的竖向荷载有可靠途径直接传至地面或托梁时，可不设传递竖向荷载的拉条。

9.4.4 单侧挂墙板的墙梁，应按下列公式计算其强度和稳定：

1 在承受朝向面板的风压时，墙梁的强度可按下列公式验算：

$$\frac{M_{x'}}{W_{enx'}}+\frac{M_{y'}}{W_{eny'}}\leqslant f \tag{9.4.4-1}$$

$$\frac{3V_{y',max}}{2h_0 t}\leqslant f_v \tag{9.4.4-2}$$

$$\frac{3V_{x',max}}{4b_0 t}\leqslant f_v \tag{9.4.4-3}$$

式中 $M_{x'}$、$M_{y'}$——分别为水平荷载和竖向荷载产生的弯矩（N·mm），下标 x' 和 y' 分别表示墙梁的竖向轴和水平轴，当墙板底部端头自承重时，$M_{y'}=0$；

$V_{x',max}$、$V_{y',max}$——分别为竖向荷载和水平荷载产生的剪力（N）；当墙板底部端头自承重时，$V_{x',max}=0$；

$W_{enx'}$、$W_{eny'}$——分别为绕竖向轴 x' 和水平轴 y' 的有效净截面模量（对冷弯薄壁型钢）或净截面模量（对热轧型钢）（mm^3）；

b_0、h_0——分别为墙梁在竖向和水平方向的计算高度（mm），取板件弯折处两圆弧起点之间的距离；

t——墙梁壁厚（mm）。

2 仅外侧设有压型钢板的墙梁在风吸力作用下的稳定性，可按现行国家标准《冷弯薄壁型钢结构技术规范》GB 50018 的规定计算。

9.4.5 双侧挂墙板的墙梁，应按本规范第9.4.4条计算朝向面板的风压和风吸力作用下的强度；当有一侧墙板底部端头自承重时，$M_{y'}$ 和 $V_{x',max}$ 均可取0。

6.6 设计理论

1. 隅撑的作用与设置

（1）隅撑的作用主要是阻止梁的下翼缘及柱的内侧翼缘失稳，并在设计计算中作为梁柱平面外的稳定提供侧向支撑作用。隅撑之所以要设，是因为刚架斜梁受力的变化。

（2）在恒荷载和活荷载等荷载组合作用下，一般的梁受力是上翼缘受压，下翼缘受拉，这样檩条与钢梁的有效连接为梁上翼缘的稳定提供了可靠的支撑，上翼缘的稳定可以保证。

（3）但是在受到风吸力荷载作用时，下翼缘受压，上翼缘受拉，这样下翼缘的稳定性没有可靠的平面外支撑，因此需要在梁的下翼缘上加设隅撑给钢梁的下翼缘提供支撑。隅撑一边与梁的下翼缘连接，一边与檩条连接。

（4）当实腹式刚架斜梁的下翼缘受压时，必须在受压翼缘侧面布置隅撑作为斜梁的侧向支撑，隅撑的另一端连接在檩条上。

（5）当外侧设有压型钢板的实腹式刚架柱的内侧翼缘受压时，可沿内侧翼缘设置成对的隅撑，作为柱的侧向支承。

（6）隅撑应按轴心受压构件设计，研究表明，门式刚架的破坏和倒塌在很多情况下是由受压最大的翼缘屈曲引起的，而斜梁下翼缘与刚架柱的相交处压应力最大，是结构的关键部位。因此《门规》第 8.4.1 条规定：当实腹式门式刚架的梁、柱翼缘受压时，应在受压翼缘侧布置隅撑与檩条或墙梁相连接。就是为了确保该处的稳定性。

2. 直拉条与斜拉条的作用

（1）从体系上来看，刚性直拉杆（圆钢加套管或角钢）与斜拉条构成了一个类似桁架体系，共同承受沿檩条方向的力的作用，直拉杆受压，斜拉条受拉，这样就形成了一个稳定的体系。

（2）拉条的作用是防止檩条侧向变形和扭转并且提供 x 轴方向的中间支点。此中间支点的力需要传到刚度较大的构件为止，需要在屋脊或檐口处设置斜拉条和刚性撑杆。

（3）从实际来看，在以往工程中，没有加斜拉杆的墙面，假如开间较大的话，纯用直拉杆对墙梁C形钢的下挠控制不是很理想，在有天窗的屋面上天窗架两侧未加斜拉条或者直拉杆未加套管的情况下，檩条被拉弯的现象尤其明显。建议大家不要等闲视之。

3. 直拉条与斜拉条的设置

当檩条跨度大于 4m 时，宜在檩条间跨中位置设置拉条或撑杆。当檩条跨度大于 6m 时，应在檩条跨度三分点处各设一道拉条或撑杆。斜拉条应与刚性檩条连接（图 6-28）。

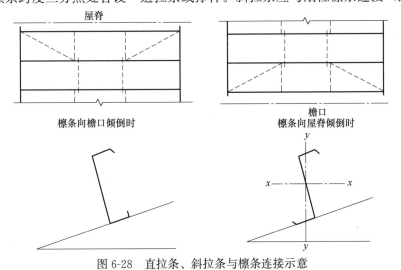

图 6-28　直拉条、斜拉条与檩条连接示意

4. 实际项目中屋脊和檐口都要做斜拉条

这主要是考虑了无风时自重的影响和有风并且风荷载吸力大于自重这两种工况。

6.7 力学知识

(1) 简支梁、连续梁内力计算；得到檩条内力；
(2) 组合变形、力的合成与分解；檩条双向弯曲；
(3) 应力状态和强度理论。

6.8 绘图软件

(1) 绘制轴网，轴网标注插入钢柱的方法同前，以下操作假定轴网和钢柱已经绘制完毕。

(2) 可以采用 TSSD 钢结构模块绘制檩条、直拉条及斜拉条，相关工具如图 6-29 所示。

图 6-29　TSSD 绘图模块

7 支撑系统的设计

某支撑系统设计图如图 7-1～图 7-4 所示。本章将以此图为依据进行软件计算。

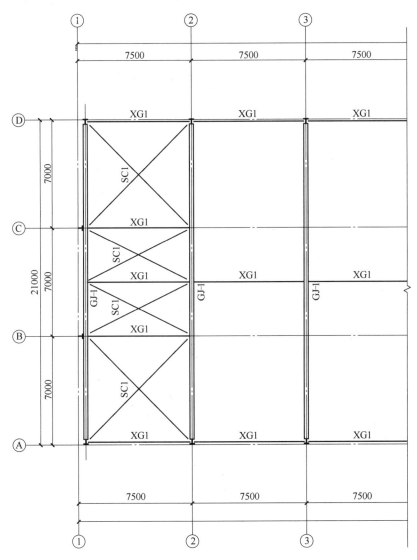

图 7-1 屋面支撑布置图（局部）

构件编号	型号	材质	备注
XG1	$\phi140\times3.0$	Q235B	系杆
SC1	$\phi20$	Q235B	屋面水平支撑

图 7-2 支撑构件列表

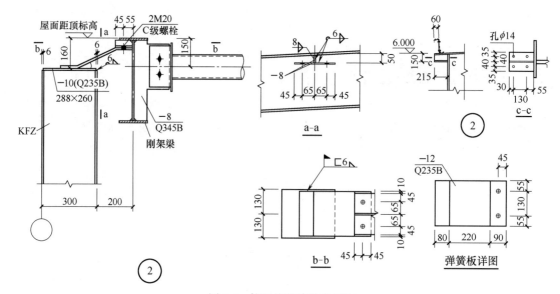

图 7-3 抗风柱连接节点详图

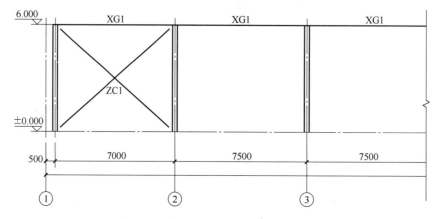

图 7-4 A轴D轴柱间支撑立面图（局部）

附注：
(1) 隅撑布置见刚架立面图（图 5-71）；
(2) 拉条及圆钢支撑杆件紧张力度应适当，不得使檩条产生过大变形。

7.1 分析软件

7.1.1 屋面水平支撑计算

(1) 选择钢结构模块中的工具箱如图 7-5 所示。
(2) 选择钢结构工具中的支撑构件如图 7-6 所示。
(3) 选择屋面支撑计算如图 7-7 所示。
(4) 输入屋面支撑计算参数如图 7-8 所示。
(5) 选择自动导算支撑设计剪力如图 7-9 所示。

图 7-5 工具箱

图 7-6 支撑构件

图 7-7 屋面支撑计算

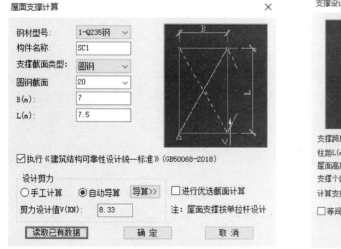

图 7-8 屋面支撑计算参数

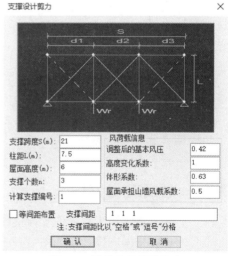

图 7-9 导算支撑设计剪力

(6) 查看支撑设计内力如图 7-10 所示。

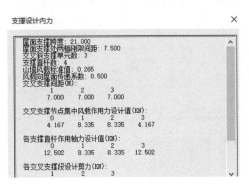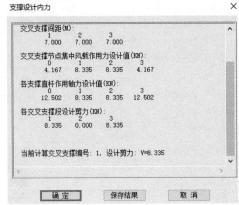

图 7-10 支撑设计内力结果

屋面支撑计算书：
===== 设计信息 ======
支撑形式：圆钢
直径（mm）：20
截面特性：
毛截面面积：A＝0.3142E-03
钢材钢号：Q235 钢
牌号强度：fy＝235
强度设计值（kN/mm^2）：f＝205
支撑数据：
支撑点间距（m）：B＝7.000
支撑跨度（m）：L＝7.500
构件轴线长度（m）：l＝10.259
===== 截面验算 ======
设计原则：
按轴心拉杆进行设计。
作用本支撑段剪力设计值（kN） V＝8.335
支撑内力设计值（kN）：N＝11.394
螺栓段有效截面积（m^2）：Ae＝0.2448E-03
强度验算结果（N/mm^2）：σ＝46.546＜f＝205.000
验算满足。
===== 计算结束 ======

7.1.2 柱间支撑计算

(1) 选择钢结构工具中的支撑构件如图 7-11 所示。

(2) 选择柱间支撑计算如图 7-12 所示。

(3) 输入柱间支撑计算参数如图 7-13 所示。

图 7-11 选择支撑构件

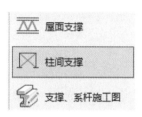

图 7-12 柱间支撑计算

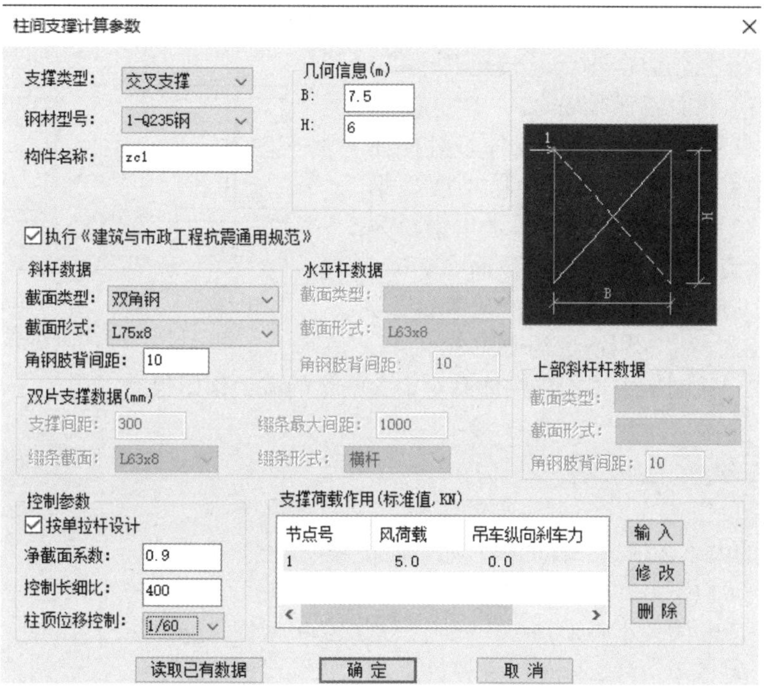

图 7-13 柱间支撑计算参数

其中山墙传至柱间支撑风荷载的大小为 15.1kN，计算过程如下：
基本风压：$\omega_0 = 0.35 \text{kN/m}^2$
系数 $\beta = 1.2$
地面粗糙度为 B 类，房屋高度不超过 10m，$\mu_z = 1.0$。
在考虑内压为正或为负的情况下，山墙迎风面与背风面的纵向风荷载系数之和 $\mu_w = 1.04$，偏于安全，按端区系数取值。

山墙受风面积：$A = 21 \times \dfrac{6.3 + 6.825}{2} = 137.8 \text{m}^2$

其中一半的风荷载通过抗风柱和边榀刚架柱的柱底直接传给基础，另一半的风荷载由屋面水平支撑传至Ⓐ轴、Ⓓ轴的柱间支撑，再由柱间支撑传至基础，则一条轴线上的柱间支撑所承担的风荷载大小为：

$$F=\frac{\beta\mu_w\mu_z\omega_0 A}{4}=\frac{1.2\times1.04\times1.0\times0.35\times137.8}{4}=15.04\text{kN}$$

假定一条轴线上有三个形式一样的柱间支撑，考虑此水平力在三个柱间支撑的分配，可以将此水平力除以一条轴线内柱间支撑的个数；最终输入计算软件中的 $F=15.04/3\approx5.0\text{kN}$。

柱间支撑计算书（与屋面水平支撑计算书类似，此处略）。

7.2 优化分析

也许有人会提出沿厂房纵向亦可做成刚节点。可以这样做，但一般不这样做，并不是由于刚节点施工麻烦，而主要是用钢问题。这个问题可以进行分析比较：

如果要将结构在两个方向（横向和纵向）做成刚接，H 形截面可能不再适用。如前所述，H 形截面在弱轴方向的承载能力和刚度都太小，比其强轴方向小十几倍至几十倍。因此要用到箱形截面或管形截面。

以图 7-14 为例，由于使用支撑，对柱在纵向强度和刚度没有特别要求，采用 H 型钢截面 250m×300m×8m×6m，每米用钢量为 44.8kg。若取消支撑，采用箱形截面 250m×300m×8m×6m，每米用钢量为 58.2kg，与 H 型钢截面相比，每米用钢量约增加 30%。

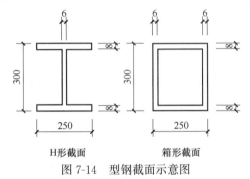

图 7-14　型钢截面示意图

因此，在门式刚架中善用支撑体系对于含钢量的减少作用很大。

7.3 优化分析思考题

（1）SC 的大小必须是一样的吗？能不能按需设计？

答：大小可以不一样，能够按需设计。

（2）系杆 XG 的大小必须是一样的吗？尤其是短系杆，能不能按需设计？

答：大小可以不一样，能够按需设计。

（3）什么情况下的柱间支撑可以按照受拉构件设计，减小用钢量？

答：采用圆钢的交叉支撑可以按照受拉构件设计。

（4）门式支撑如何设计才合理？究竟是否安全？

答：如果纵向是局部采用门式支撑，可以采用二维平面真实建模；如果纵向全部采用，那么应该采用三维平面真实建模。经过真实建模的门式支撑是安全的。

7.4 图集构造

图集中相关构造如图 7-15 所示。

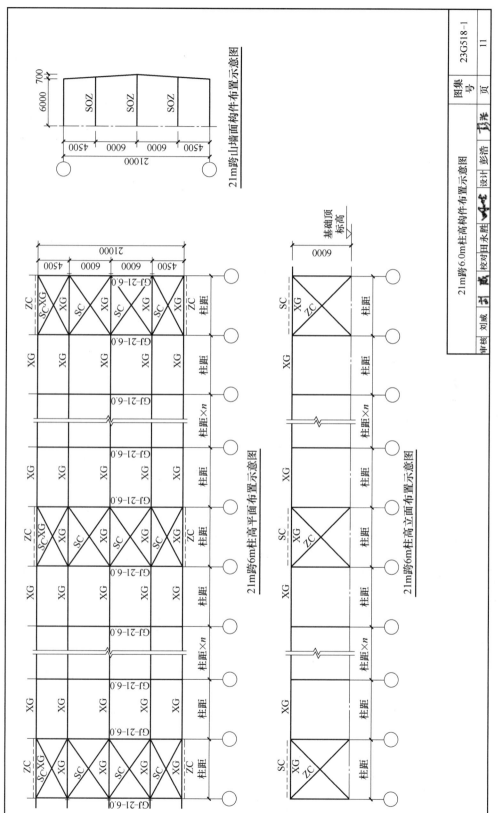

图 7-15 图集中相关构造

7.5 规范条文链接

以下规范均选自《门规》：

8.1.1 每个温度区段、结构单元或分期建设的区段、结构单元应设置独立的支撑系统，与刚架结构一同构成独立的空间稳定体系。施工安装阶段，结构临时支撑的设置尚应符合本规范第 14 章的相关规定。

8.1.2 柱间支撑与屋盖横向支撑宜设置在同一开间。

解读：

① 温度区段为设缝（结构超长，避免计算温度作用而采取分缝的构造措施）之后各自独立的区段以及各自独立的结构单元或分期建设的区段都应该自成一体，也就是说每个独立的区段都应该能够独立地抵抗水平力，因此，每个独立区段都应设置独立的支撑系统，与刚架结构一同构成独立的空间稳定体系，否则力的传递都分缝的地方就会中断，这会造成灾难性的后果。

② 柱间支撑与屋盖横向支撑只有设置在同一开间才能形成稳定的空间体系，否则很可能形成一个几何可变体系。

8.2.1 柱间支撑应设在侧墙柱列，当房屋宽度大于 60m 时，在内柱列宜设置柱间支撑。当有吊车时，每个吊车跨两侧柱列均应设置吊车柱间支撑。

8.2.2 同一柱列不宜混用刚度差异大的支撑形式。在同一柱列设置的柱间支撑共同承担该柱列的水平荷载，水平荷载应按各支撑的刚度进行分配。

8.2.3 柱间支撑采用的形式宜为：门式框架、圆钢或钢索交叉支撑、型钢交叉支撑、方管或圆管人字支撑等。当有吊车时，吊车牛腿以下交叉支撑应选用型钢交叉支撑。

8.2.4 当房屋高度大于柱间距 2 倍时，柱间支撑宜分层设置。当沿柱高有质量集中点、吊车牛腿或低屋面连接点处应设置相应支撑点。

柱间支撑设置如图 7-16 所示。

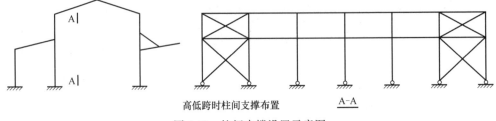

图 7-16 柱间支撑设置示意图

8.2.5 柱间支撑的设置应根据房屋纵向柱距、受力情况和温度区段等条件确定。当无吊车时，柱间支撑间距宜取 30m～45m，端部柱间支撑宜设置在房屋端部第一或第二开间。当有吊车时，吊车牛腿下部支撑宜设置在温度区段中部，当温度区段较长时，宜设置在三分点内，且支撑间距不应大于 50m。牛腿上部支撑设置原则与无吊车时的柱间支撑设置相同。

带吊车的厂房柱间支撑布置如图 7-17 所示。

8.2.6 柱间支撑的设计，应按支承于柱脚基础上的竖向悬臂桁架计算；对于圆钢或钢索交叉支撑应按拉杆设计，型钢可按拉杆设计，支撑中的刚性系杆应按压杆设计。

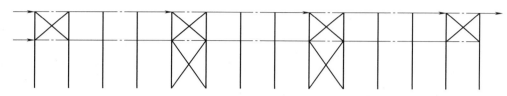

图 7-17 带吊车的厂房柱间支撑布置

解读：

① 当房屋宽度＞60m 之后，如果仅仅只在两侧墙柱列设置柱间支撑，那么中间部位的山墙风荷载传力途径不仅需要曲折迂回地传力才能传到两侧墙柱列的柱间支撑上，而且传力路径也是很长的，这显然不符合力的传递以最直接最短的方式，因此，当房屋宽度＞60m 之后，规范要求中间柱列也要布置柱间支撑。

② 同一柱列不宜混用刚度差异大的支撑形式，这也是设计中容易出错的地方。反过来想，如果混用两种刚度差异大的支撑形式，比如一个圆钢，一个角钢，这就势必导致力的分配严重不均匀，角钢分配的力就特别大，这就容易造成各个击破，设计中应避免此种设计。在同一柱列上为单一支撑形式的情况，假定各支撑分得的水平力均相同。

③ 注意有吊车时，端部只能设置上柱支撑，不能设置下柱支撑。否则由于温度变形会导致厂房纵向变形无法释放，这种情况会导致吊车梁的变形过大，又会导致吊车卡轨。

8.3.1 屋面端部横向支撑应布置在房屋端部和温度区段第一或第二间，当布置在第二开间时应在房屋端部第一开间抗风柱顶部对应位置布置刚性系杆。

柱间支撑设置形式如图 7-18 所示。

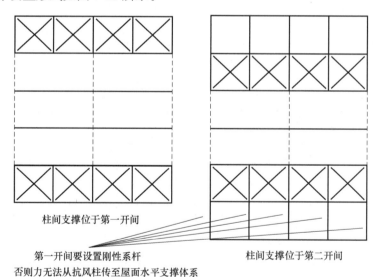

图 7-18 柱间支撑设置形式

8.3.2 屋面支撑形式可选用圆钢或钢索交叉支撑；当屋面斜梁承受悬挂吊车荷载时，屋面横向支撑应选用型钢交叉支撑。屋面横向交叉支撑节点布置应与抗风柱相对应，并应在屋面梁转折处布置节点。

解读：

此处前半部分对于屋面支撑形式进行了规定，后半部分对于支撑节点的部位设置进行了说明,即与抗风柱相对应处以及屋面梁转折处布置节点。

8.3.3 屋面横向支撑应按支承于柱间支撑柱顶水平桁架设计;圆钢或钢索应按拉杆设计,型钢可按拉杆设计,刚性系杆应按压杆设计。

8.3.4 对设有带驾驶室且起重量大于15t桥式吊车的跨间,应在屋盖边缘设置纵向支撑;在有抽柱的柱列,沿托架长度宜设置纵向支撑。

抽柱部位纵向支撑布置如图7-19所示。

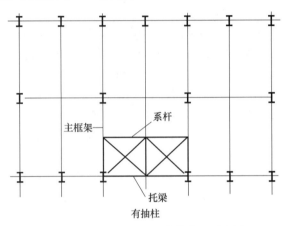

图 7-19 抽柱部位纵向支撑布置示意图

7.6 设计理论

(1) 门式刚架的交叉支撑、K形支撑和单斜杆支撑设计原理

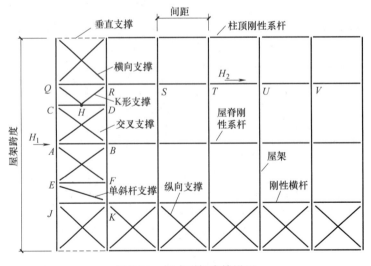

图 7-20 门式刚架支撑设置

要理解这些支撑到底是刚性杆件还仅仅是受拉杆件就要理解这些支撑是如何传递力的。从图7-20中可分析其力的传递途径。当屋架平面外受有H_1作用于A点时,需通过支撑传于两边柱顶。当A点承受H_1之后,AD、AF均为拉杆,受压屈曲,只能由AB

压杆承受，AB 杆将 H_1 传递到 B 点，这样 BC、BE 受拉将 H_1 的分力传于 C、E 点，然后再通过支撑体系逐步传于柱顶。如当 T 点受有水平力 H_2，TU 为拉杆，受压屈曲，但 TS、SR 受拉，可将 H_2 传于 R 点，再通过支撑体系传到柱顶，故交叉支撑、连续的柔性系杆都可以按拉杆设计，只能受拉，不能承压。而交叉支撑的端部直杆则为承压的刚性系杆，才能保证支撑体系发挥作用。

再分析一下 K 形支撑和单斜杆支撑受力情况，当 C 点受有水平力时，先传于 H 点，HQ 和 HR 必为一拉一压，在 H 点才能平衡，这样就可将 C 点水平力传到 Q、R 点上，故 CHD、HQ、HR、QR 均应按压杆设计（要考虑 C 点水平力的相反方向）。同样，E 点受有水平力，EK 必须为压杆才能将不同方向的水平力从 E 传到 K。故 K 形支撑、单斜杆支撑按压杆设计。

能承受拉力又能承受压力的系杆是刚性系杆，通常采用双角钢组成的十字形截面或钢管；只能承受拉力的系杆是柔性系杆，一般采用单角钢制成。屋脊节点及屋架支座的柱顶都要求设置纵向刚性系杆；当横向水平支撑设在房屋端部第二柱间时，第一柱间所有水平直系杆均应为能受压的刚性系杆，才能将山墙水平荷载传于横向水平支撑各节点上。

（2）屋面水平支撑的内力，根据纵向风荷载按支承于柱顶的水平桁架计算。

（3）柱间支撑的内力，根据该柱列所受纵向风荷载、吊车纵向制动力，按支承于柱脚上的竖向悬臂桁架计算。

（4）门式支撑与其他支撑混用时会存在极大刚度不协调问题，建议谨慎使用。

（5）支撑系统设置的基本原则

1）柱间支撑和屋面支撑必须布置在同一开间内形成抵抗纵向荷载的支撑桁架。支撑桁架的直杆和单斜杆应采用刚性系杆，交叉斜杆可采用柔性构件。刚性系杆是指圆管、H 形截面、Z 形或 C 形冷弯薄壁截面等，柔性构件是指圆钢、拉索等只受拉截面。柔性拉杆必须施加预紧力以抵消其自重作用引起的下垂。

2）支撑的间距一般为 30～45m，不应大于 50m。

3）支撑可布置在温度区间的第一个或第二个开间，当布置在第二个开间时，第一开间的相应位置应设置刚性系杆。

4）45°的支撑斜杆能最有效地传递水平荷载，当柱子较高导致单层支撑构件角度过大时应考虑设置双层柱间支撑。

5）刚架柱顶、屋脊等转折处应设置刚性系杆。结构纵向于支撑桁架节点处应设置通长的刚性系杆。

6）轻钢结构的刚性系杆可由相应位置处的檩条兼作，刚度或承载力不足时设置附加系杆（不推荐这么做）。

7）除了结构设计中必须正确设置支撑体系以确保其整体稳定性之外，还必须注意结构安装过程中的整体稳定性。安装时应该首先构建稳定的区格单元，然后逐榀将平面刚架连接于稳定单元上直至完成全部结构。在稳定的区格单元形成前，必须施加临时支撑固定已安装的刚架部分。

（6）设置支撑的目的

1）保证屋架侧向（平面外）稳定（形成屋架空间整体稳定体系的需要）。

2）减少屋架上弦压杆侧向（平面外）计算长度。

3）传递山墙风力和吊车水平刹车力（传递力的需要）。

4) 保证屋架安装时的稳定性。

(7) 支撑的作用

在门式刚架柱网的每个温度区段间,应布置完整的支撑体系,以形成完整的空间结构体系。轻型门式刚架沿宽度方向的横向稳定性,是通过刚架的自身刚度来抵抗所承受的横向荷载而保证的。由于在长度方向的纵向结构刚度较弱,需要沿纵向设置支撑,以保证其纵向稳定性。支撑所受力主要是纵向风载、吊车刹车力和地震作用以及温度作用等。

(8) 计算支撑内力时一般假定节点为铰接,并忽略偏心的影响,并且一般的支撑都是按拉杆考虑。所以,一般适宜双向布置。

(9) 以下情况需要考虑设置纵向水平屋面支撑:

1) 当有抽柱时,如局部抽柱,仅局部设纵向支撑即可,如图7-21(a)所示。

2) 当柱距较大,边柱采用假墙架柱的方案时,如图7-21(b)所示。

3) 吊车吨位大于15t,且带有驾驶室。

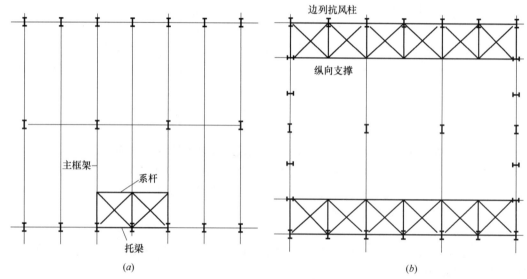

图7-21 纵向水平屋面支撑设置
(a) 有抽柱;(b) 边柱为假墙架柱

(10) 下列情况柱间支撑需要分层设置:

1) 当有高低跨时(或带有通长大雨篷时),需要在高低跨处(或大雨篷处)分层设置柱间上支撑和下支撑,如图7-22(a)所示。

2) 当檐口高度大于9m,可根据支撑的夹角设置双层柱间支撑,交叉支撑与水平面的夹角以45°为佳,不宜大于55°。

3) 有吊车时,需在吊车梁处分层设置柱间上支撑和下支撑。端开间可不设下层支撑以减少吊车梁的温度作用,如图7-22(b)所示。

(11) 交叉支撑的受力原理简图

如果交叉支撑采用柔性支撑,那么在某一方向的水平力作用下,仅有其中受拉的那组斜杆参与受力,而另一组斜杆由于杆件本身是柔性的,在受压时会退出工作;类似地,在另一方向的水平力作用下,将会是另一组斜杆参与工作。如果交叉支撑采用刚性的,在任一方向的水平力作用下,两组斜杆均会参与工作,其中一组受拉,而另一组则受压(图7-23)。

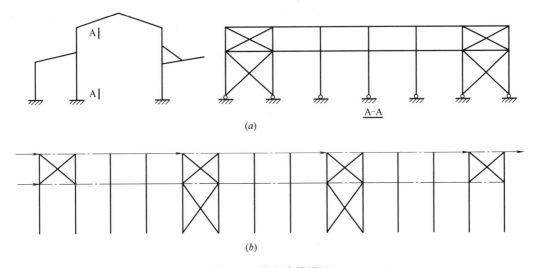

图 7-22 柱间支撑设置
(a) 高低跨时柱间支撑布置；(b) 带吊车的厂房柱间支撑布置

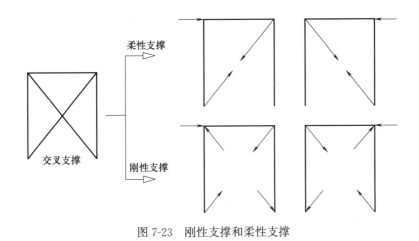

图 7-23 刚性支撑和柔性支撑

7.7 力学知识

（1）看似复杂的支撑系统，如若不依靠软件快速计算出内力，需要了解超静定平面桁架的简化及计算。
（2）静定平面桁架的简化及计算。
（3）结构力学，结构的几何构造分析。
（4）单拉构件的简化技巧。

7.8 绘图软件

TSSD，轴网绘制及轴网标注如图 7-24 所示。

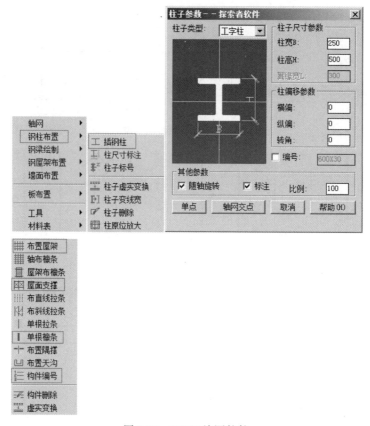

图 7-24 TSSD 绘图软件

其中，布置屋架——画刚架；屋面支撑——画屋面水平支撑；单根檩条——画系杆；构件编号——给屋面构件编号。

8 独立基础的设计

图 8-1、图 8-2 为某独立基础设计图，本章将以此为依据进行软件计算。

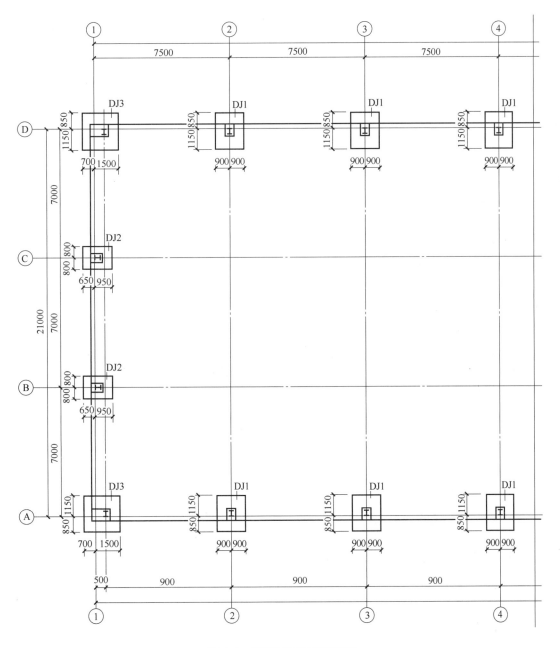

图 8-1 基础结构平面布置图

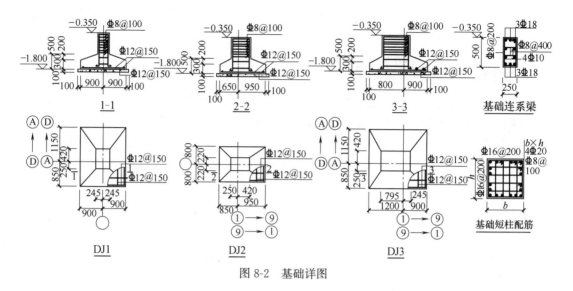

图 8-2 基础详图

基础平面图附注：

（1）本工程±0.000 详总图。

（2）本工程依据××市勘察设计院××××年××月的岩土工程勘察报告进行设计，地基土层从上至下依次为：

1）素填土；2）粉质黏土；3）粉砂；4）圆砾；5）圆砾。

建筑场地类别为Ⅱ类。中软场地土，基础设计等级丙级，安全等级二级。

结合上部结构特征，经方案比较并参考地质报告的结论和建议，本工程以②层土为持力层，$f_{ak}=130\text{kPa}$，$E_s=5.6\text{MPa}$。

基底需进入持力层不小于 300mm。

（3）基础采用 C30 混凝土，HRB400 级钢筋。

（4）当基础边长大于或等于 2.5m 时，底板受力钢筋的长度可取边长的 9/10 倍（最外侧一根钢筋除外），并交错布置。

（5）基础垫层采用 C15 混凝土，100mm 厚，沿基底周边外伸 100mm。

（6）基础及基础梁四周的回填要求素土分层夯实，压实系数不小于 0.94。

（7）基坑挖至持力层时须请甲方、监理单位、勘察单位、设计单位有关人员现场验槽，验槽合格后及时浇筑混凝土。

8.1 设计小软件

Morgain、理正结构工具箱、TSSD 的计算工具或世纪旗云的独基设计工具箱。

下面以 TSSD 计算工具为例，说明 DJ1 的计算过程。

设计资料：

地基承载力特征值 $f_{ak}=130\text{kPa}$，基础底面标高为－1.800m，室内外高差为 300mm，基础混凝土强度等级为 C30，钢筋采用 HRB400，柱底内力标准组合从 STS 中读取，如图 8-3 所示。

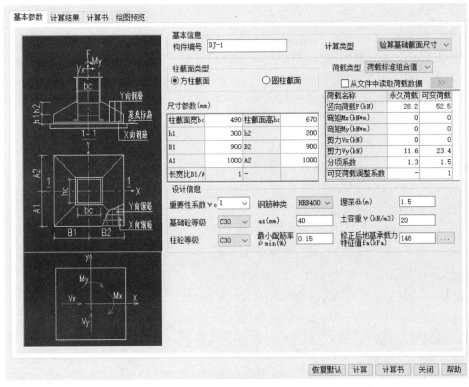

图 8-3 软件地基基础计算界面

TSSD 独立基础计算书如下：

项目名称_____日　　　期_____
设　计　者_____校　对　者_____

一、设计依据

①《建筑地基基础设计规范》GB 50007—2011
②《混凝土结构设计标准（2024年版）》GB/T 50010—2010
③《简明高层钢筋混凝土结构设计手册》李国胜（第三版）

二、示意图

三、计算信息

构件编号：DJ-1　　计算类型：验算截面尺寸

1. 几何参数

矩形柱宽　　　　b_c=490mm
矩形柱高　　　　h_c=670mm
基础端部高度　　h_1=300mm
基础根部高度　　h_2=200mm
基础长度　　　　B_1=900mm　B_2=900mm
基础宽度　　　　A_1=1000mm　A_2=1000mm

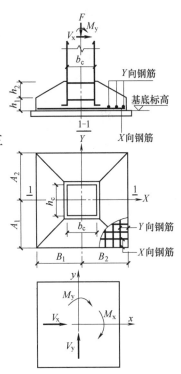

2. 材料信息

基础混凝土等级：C30　　ft_b=1.43N/mm²　　fc_b=14.3N/mm²

柱混凝土等级：　C30　　ft_c=1.43N/mm²　　fc_c=14.3N/mm²

钢筋级别：　　　HRB400　fy=360N/mm²

3. 计算信息

结构重要性系数：$\gamma_o=1.0$

基础埋深：dh=1.500m

纵筋合力点至近边距离：as=40mm

基础及其上覆土的平均容重：$\gamma=20.000kN/m^3$

最小配筋率：ρmin=0.150%

4. 作用在基础顶部荷载设计值

Fgk=28.200kN　　Fqk=52.500kN

Mgxk=0.000kN·m　Mqxk=0.000kN·m

Mgyk=0.000kN·m　Mqyk=0.000kN·m

Vgxk=0.000kN　　Vqxk=0.000kN

Vgyk=11.600kN　　Vqyk=23.400kN

永久荷载分项系数 rg=1.30

可变荷载分项系数 rq=1.50

可变荷载调整系数 rl=1.00

Fk=Fgk+Fqk=28.200+52.500=80.700kN

Mxk ＝Mgxk+Fgk·(A2－A1)/2+Mqxk+Fqk·(A2－A1)/2
　　＝0.000+28.200×(1.000－1.000)/2+(0.000)+52.500×(1.000－1.000)/2
　　＝0.000kN·m

Myk ＝Mgyk+Fgk·(B2－B1)/2+Mqyk+Fqk·(B2－B1)/2
　　＝0.000+28.200×(0.900－0.900)/2+(0.000)+52.500×(0.900－0.900)/2
　　＝0.000kN·m

Vxk＝Vgxk+Vqxk=0.000+(0.000)=0.000kN

Vyk＝Vgyk+Vqyk=11.600+23.400=35.000kN

F＝rg·Fgk+rq·rl·Fqk=1.30×28.200+1.50×1.00×52.500=115.410kN

Mx ＝rg·(Mgxk+Fgk·(A2－A1)/2)+rq·rl·(Mqxk+Fqk·(A2－A1)/2)
　　＝1.30×(0.000+28.200×(1.000－1.000)/2)+1.50×1.00×(0.000+52.500
　　　×(1.000－1.000)/2)
　　＝0.000kN·m

My ＝rg·(Mgyk+Fgk·(B2－B1)/2)+rq·rl·(Mqyk+Fqk·(B2－B1)/2)
　　＝1.30×(0.000+28.200×(0.900－0.900)/2)+1.50×1.00×(0.000+52.500
　　　×(0.900－0.900)/2)
　　＝0.000kN·m

Vx＝rg·Vgxk+rq·rl·Vqxk=1.30×(0.000)+1.50×1.00×(0.000)=0.000kN

$Vy = rg \cdot Vgyk + rq \cdot rl \cdot Vqyk = 1.30 \times 11.600 + 1.50 \times 1.00 \times 23.400 = 50.180 kN$

5. 修正后的地基承载力特征值

$fa = 148.000 kPa$

四、计算参数

1. 基础总长　$Bx = B1 + B2 = 0.900 + 0.900 = 1.800 m$
2. 基础总宽　$By = A1 + A2 = 1.000 + 1.000 = 2.000 m$
3. 基础总高　$H = h1 + h2 = 0.300 + 0.200 = 0.500 m$
4. 底板配筋计算高度　$ho = h1 + h2 - as = 0.300 + 0.200 - 0.040 = 0.460 m$
5. 基础底面积　$A = Bx \cdot By = 1.800 \times 2.000 = 3.600 m^2$
6. $Gk = \gamma \cdot Bx \cdot By \cdot dh = 20.000 \times 1.800 \times 2.000 \times 1.500 = 108.000 kN$
$G = 1.35 \cdot Gk = 1.35 \times 108.000 = 145.800 kN$

五、计算作用在基础底部弯矩值

$Mdxk = Mxk - Vyk \cdot H = 0.000 - 35.000 \times 0.500 = -17.500 kN \cdot m$
$Mdyk = Myk + Vxk \cdot H = 0.000 + 0.000 \times 0.500 = 0.000 kN \cdot m$
$Mdx = Mx - Vy \cdot H = 0.000 - 50.180 \times 0.500 = -25.090 kN \cdot m$
$Mdy = My + Vx \cdot H = 0.000 + 0.000 \times 0.500 = 0.000 kN \cdot m$

六、验算地基承载力

1. 验算轴心荷载作用下地基承载力

$pk = (Fk + Gk)/A = (80.700 + 108.000)/3.600 = 52.417 kPa$

【《建筑地基基础设计规范》5.2.2-2】

因 $\gamma o \cdot pk = 1.0 \times 52.417 = 52.417 kPa \leq fa = 148.000 kPa$

轴心荷载作用下地基承载力满足要求。

2. 验算偏心荷载作用下的地基承载力

因 $Mdyk = 0$

$Pkmax\_x = Pkmin\_x = (Fk + Gk)/A = (80.700 + 108.000)/3.600 = 52.417 kPa$

$eyk = Mdxk/(Fk + Gk) = -17.500/(80.700 + 108.000) = -0.093 m$

因 $|eyk| \leq By/6 = 0.333 m$　y方向小偏心

$Pkmax\_y = (Fk + Gk)/A + 6 \times |Mdxk|/(By^2 \cdot Bx)$
$\quad\quad\quad = (80.700 + 108.000)/3.600 + 6 \times |-17.500|/(2.000^2 \times 1.800)$
$\quad\quad\quad = 67.000 kPa$

$Pkmin\_y = (Fk + Gk)/A - 6 \times |Mdxk|/(By^2 \cdot Bx)$
$\quad\quad\quad = (80.700 + 108.000)/3.600 - 6 \times |-17.500|/(2.000^2 \times 1.800)$
$\quad\quad\quad = 37.833 kPa$

3. 确定基础底面反力设计值

$Pkmax = (Pkmax\_x - pk) + (Pkmax\_y - pk) + pk$
$\quad\quad = (52.417 - 52.417) + (67.000 - 52.417) + 52.417$
$\quad\quad = 67.000 kPa$

$\gamma o \cdot Pkmax = 1.0 \times 67.000 = 67.000 kPa \leq 1.2 \cdot fa = 1.2 \times 148.000 = 177.600 kPa$

偏心荷载作用下地基承载力满足要求。

七、基础冲切验算

1. 计算基础底面反力设计值

1.1 计算 x 方向基础底面反力设计值

$e_x = M_{dy}/(F+G) = 0.000/(115.410+145.800) = 0.000 m$

因 $e_x \leqslant B_x/6.0 = 0.300 m$ x 方向小偏心

$$\begin{aligned} Pmax\_x &= (F+G)/A + 6 \times |M_{dy}|/(B_x^2 \cdot B_y) \\ &= (115.410+145.800)/3.600 + 6 \times |0.000|/(1.800^2 \times 2.000) \\ &= 72.558 kPa \end{aligned}$$

$$\begin{aligned} Pmin\_x &= (F+G)/A - 6 \times |M_{dy}|/(B_x^2 \cdot B_y) \\ &= (115.410+145.800)/3.600 - 6 \times |0.000|/(1.800^2 \times 2.000) \\ &= 72.558 kPa \end{aligned}$$

1.2 计算 y 方向基础底面反力设计值

$e_y = M_{dx}/(F+G) = -25.090/(115.410+145.800) = -0.096 m$

因 $e_y \leqslant B_y/6 = 0.333$　y 方向小偏心

$$\begin{aligned} Pmax\_y &= (F+G)/A + 6 \times |M_{dx}|/(B_y^2 \times B_x) \\ &= (115.410+145.800)/3.600 + 6 \times |-25.090|/(2.000^2 \times 1.800) \\ &= 93.467 kPa \end{aligned}$$

$$\begin{aligned} Pmin\_y &= (F+G)/A - 6 \times |M_{dx}|/(B_y^2 \times B_x) \\ &= (115.410+145.800)/3.600 - 6 \times |-25.090|/(2.000^2 \times 1.800) \\ &= 51.650 kPa \end{aligned}$$

1.3 因 $M_{dx} \neq 0$ 并且 $M_{dy} = 0$

$Pmax = Pmax\_y = 93.467 kPa$

$Pmin = Pmin\_y = 51.650 kPa$

1.4 计算地基净反力极值

$Pjmax = Pmax - G/A = 93.467 - 145.800/3.600 = 52.967 kPa$

2. 柱对基础的冲切验算

因 $H \leqslant 800$，取 $\beta_{hp} = 1.0$

2.1 x 方向柱对基础的冲切验算

$$\begin{aligned} \text{x 冲切面积 } A_{lx} &= \max((B_1 - b_c/2 - h_o) \cdot (h_c + 2 \cdot h_o) + (B_1 - b_c/2 - h_o)^2, (B_2 - b_c/2 - h_o) \cdot (h_c + 2 \cdot h_o) + (B_2 - b_c/2 - h_o)^2) \\ &= \max((0.900 - 0.490/2 - 0.460) \times (0.670 + 2 \times 0.460) + (0.900 - 0.490 - 0.460)^2/2, (0.900 - 0.490/2 - 0.460) \times (0.670 + 2 \times 0.460) + (0.900 - 0.490 - 0.460)^2/2) \\ &= \max(0.348, 0.348) \\ &= 0.348 m^2 \end{aligned}$$

x 冲切截面上的地基净反力设计值

$F_{lx} = A_{lx} \cdot Pjmax = 0.348 \times 52.967 = 18.433 kN$

$\gamma_o \cdot F_{lx} = 1.0 \times 18.433 = 18.43 kN$

因 $\gamma_o \cdot F_{lx} \leqslant 0.7 \times \beta_{hp} \cdot f_{t\_b} \cdot a_m \cdot h_o$

$$= 0.7 \times 1.000 \times 1.43 \times 1130.000 \times 460$$
$$= 520.32 \text{kN}$$

x 方向柱对基础的冲切满足规范要求。

2.2 y 方向柱对基础的冲切验算

y 冲切面积 $Aly = \max((A1-hc/2-ho) \cdot (B1+B2) - (B1-hc/2-ho)^2/2 - (B2-bc/2-ho)^2/2, (A2-hc/2-ho) \cdot (B1+B2) - (B2-hc/2-ho)^2/2 - (B1-bc/2-ho)^2/2$

$= \max((1.000-0.670/2-0.460) \times (0.900+0.900) - (0.900-0.670/2-0.460)^2/2 - (0.900-0.490/2-0.460)^2/2, (1.000-0.670/2-0.460) \times (0.900+0.900) - (0.900-0.670/2-0.460)^2/2 - (0.900-0.490/2-0.460)^2/2)$

$= \max(0.344, 0.344)$

$= 0.344 \text{m}^2$

y 冲切截面上的地基净反力设计值 $Fly = Aly \cdot Pjmax = 0.344 \times 52.967 = 18.221 \text{kN}$

$\gamma o \cdot Fly = 1.0 \times 18.221 = 18.21 \text{kN}$

因 $\gamma o \cdot Fly \leq 0.7 \times \beta hp \cdot ft\_b \cdot bm \cdot ho$
$= 0.7 \times 1.000 \times 1.43 \times 950 \times 460$
$= 437.44 \text{kN}$

y 方向柱对基础的冲切满足规范要求。

八、基础受剪承载力验算

计算剪力

$pk = (Fk+Gk)/A = (80.7+108.0)/3.6 = 52.4 \text{kPa}$

$A' = (B1+B2) \cdot (\max(A1, A2) - 0.5 \cdot hc)$
$= (900+900) \times (\max(1000, 1000) - 0.5 \times 670)$
$= 1.197 \text{m}^2$

$Vs = A' \cdot pk = 1.197 \times 52.4 = 62.7 \text{kN}$

基础底面短边尺寸大于柱宽加两倍基础有效高度，不需验算受剪承载力。

九、柱下基础的局部受压验算

因为基础的混凝土强度等级大于等于柱的混凝土强度等级，所以不用验算柱下扩展基础顶面的局部受压承载力。

十、基础受弯计算

因 $Mdx \neq 0$ $Mdy = 0$ 并且 $ey \leq By/6 = -0.096 \text{m}$，y 方向单向受压且小偏心，根据公式【《建筑地基基础设计规范》8.2.11-1】【《建筑地基基础设计规范》8.2.11-2】

$a = (By-hc)/2 = (2.000-0.670)/2 = 0.665 \text{m}$

$P = ((By-a) \cdot (Pmax-Pmin)/By) + Pmin$
$= ((2.000-0.665) \times (93.467-51.650)/2.000) + 51.650$
$= 79.563 \text{kPa}$

$$MI = 1/48 \times (Bx-bc)^2 \cdot (2 \cdot By+hc) \cdot (Pmax+Pmin-2 \times G/A)$$
$$= 1/48 \times (1.800-0.490)^2 \times (2 \times 2.000+0.670) \times (93.467+51.650-2 \times 145.800/3.600)$$
$$= 10.71 kN \cdot m$$
$$MII = 1/12 \times a^2 \cdot ((2 \times Bx+bc) \cdot (Pmax+P-2 \times G/A)+(Pmax-P) \cdot Bx)$$
$$= 1/12 \times 0.665^2 \times ((2 \times 1.800+0.490) \times (93.467+79.563-2 \times 145.800/3.600) + (93.467-79.563) \times 1.800)$$
$$= 14.79 kN \cdot m$$

十一、计算配筋

1. 计算基础底板 x 方向钢筋

$$Asx = \gamma o \cdot MI/(0.9 \cdot ho \cdot fy)$$
$$= 1.0 \times 10.71 \times 10^6/(0.9 \times 460.000 \times 360)$$
$$= 71.860 mm^2$$

$Asx1 = Asx/By = 71.860/2.000 = 35.930 mm^2/m$

$$Asx1 = \max(Asx1, \rho min \cdot H \cdot 1000)$$
$$= \max(35.930, 0.150\% \times 500 \times 1000)$$
$$= 750.000 mm^2/m$$

选择钢筋 $\phi 12@150$，实配面积为 $754.000 mm^2/m$。

2. 计算基础底板 y 方向钢筋

$$Asy = \gamma o \cdot MII/(0.9 \cdot ho \cdot fy)$$
$$= 1.0 \times 14.79 \times 10^6/(0.9 \times 460.000 \times 360)$$
$$= 99.236 mm^2$$

$Asy1 = Asy/Bx = 99.236/1.800 = 55.131 mm^2/m$

$$Asy1 = \max(Asy1, \rho min \cdot H \cdot 1000)$$
$$= \max(55.131, 0.150\% \times 500 \times 1000)$$
$$= 750.000 mm^2/m$$

选择钢筋 $\phi 12@150$，实配面积为 $754.000 mm^2/m$。

8.2 优化分析

关于独立基础的长宽取值问题，是做正方形基础还是矩形基础？如何选择基础的长宽比，达到最优化？

本命题事实上是长宽比 λ 对基础底面积的影响问题。

对于轴心受压基础，可以选择 $\lambda=1.0$（正方形）。

对于偏压基础，要根据上部荷载中弯矩 M 与轴力 N 的比重来选择合适的 λ。一般的，对于边柱，其 M 占主导，选 $\lambda=1.6$；对于中柱，N 占主导，选 $\lambda=1.4$。为什么这样选择呢？就是对于抗弯需求比较大的边柱，我们要增加基底的截面模量 $W=bh^2/6$，此时若选择 $\lambda=1.0$，就不经济了。

8.3 图集构造

图集构造如图 8-4～图 8-8 所示。

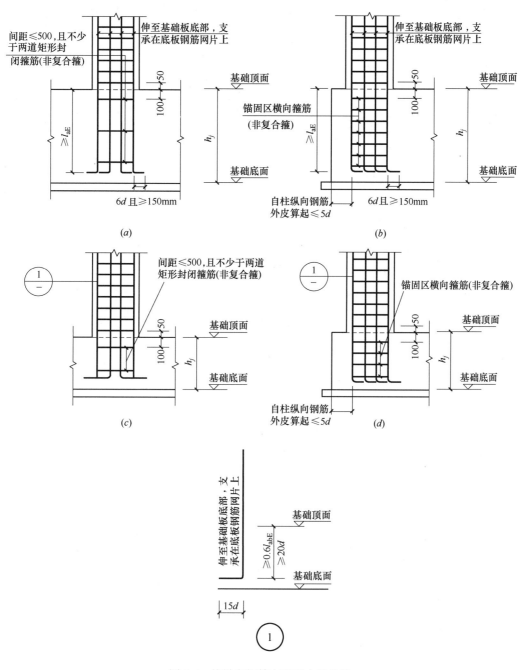

图 8-4 柱纵向钢筋在基础中的构造
（a）保护层厚度>5d，基础高度满足直锚；（b）保护层厚度≤5d，基础高度满足直锚；
（c）保护层厚度>5d，基础高度不满足直锚；（d）保护层厚度≤5d，基础高度不满足直锚

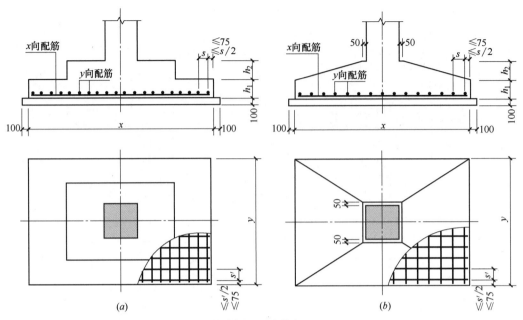

注:1.独立基础底板配筋构造适用于普通独立基础和杯口独立基础。
2.独立基础底板双向交叉钢筋长向设置在下,短向设置在上。

图 8-5 独立基础 DJj、DJz、BJj、BJz 底板配筋构造

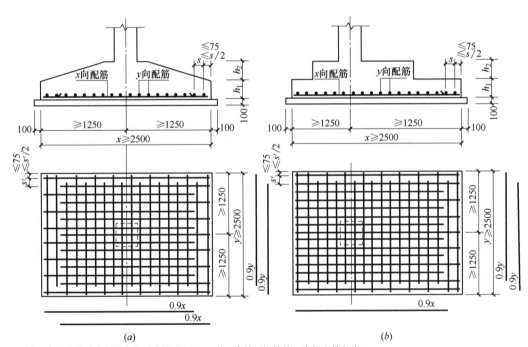

注:1.当独立基础底板长度大于或等于2500mm时,除外侧钢筋外,底板配筋长度可取相应方向底板长度的9/10,交错放置,四边最外侧钢筋不缩短。
2.当非对称独立基础底板长度大于或等于2500m,但该基础某侧从柱中心至基础底板边缘的距离小于1250mm时,钢筋在该侧不应减短。

图 8-6 独立基础底板配筋长度减短10%构造
（a）对称独立基础；(b) 非对称独立基础

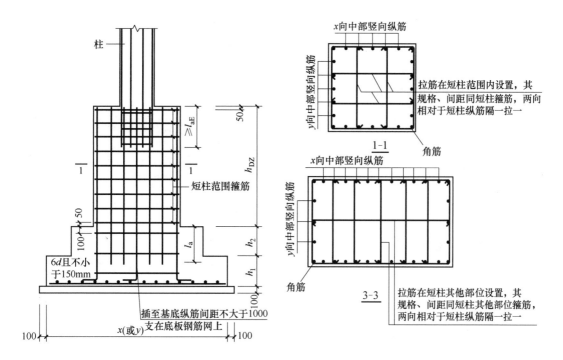

注：1. 带短柱独立基础底板的截面形式可为阶形截面DJj或锥形截面DJz。当为锥形截面且坡度较大时，应在坡面上安装顶部模板，以确保混凝土能够浇筑成型、振捣密实。
2. 带短柱独立基础底板底部钢筋构造，详见图集22G101-3第2～11页、第2～14页。
3. 3-3剖面为图集22G101-3第2～17页双高杯口独立基础配筋构造的剖面。

图8-7 单柱带短柱独立基础配筋构造

注：以上的几个标准图可以很好地说明独立基础和短柱的配筋情况，在钢结构项目中适当选择，可以大大简化基础设计。

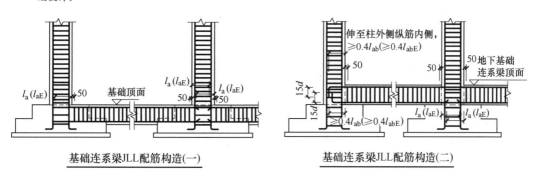

基础连系梁JLL配筋构造(一)　　　　基础连系梁JLL配筋构造(二)

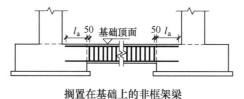

搁置在基础上的非框架梁

不作为基础连系梁；梁上部纵筋保护层厚度小于或等于5d时，锚固长度范围内应设横向钢筋

注：1. 基础连系梁的第一道箍筋距柱边缘50mm开始设置。
2. 基础连系梁JLL配筋构造(二)中基础连系梁上、下部纵筋采用直锚形式时，锚固长度不应小于l_a(l_{aE})，且伸过柱中心线长度不应小于5d，d为梁纵筋直径。
3. 锚固区横向钢筋应满足直径大于或等于d/4(d为插筋最大直径)，间距小于或等于5d(d为插筋最小直径)且小于或等于100mm的要求。
4. 基础连系梁用于独立基础、条形基础及桩基础。
5. 图中括号内数据用于抗震设计。

图8-8 基础连系梁JLL配筋构造搁置在基础上的非框架梁

注：基础梁和基础的连接方式，对于钢结构设计来说一直是个难点。此图集22G101-3恰好解决了这个问题。

8.4 力学知识

相关力学知识链接如图 8-9 所示。

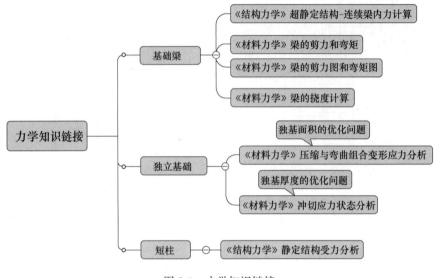

图 8-9 力学知识链接

8.5 设计理论

地基基础设计时，作用效应与相应的抗力限值的取值规定：
现行国家标准《建筑地基基础设计规范》GB 50007：

3.0.5 地基基础设计时，所采用的作用效应与相应的抗力限值应符合下列规定：

1 按地基承载力确定基础底面积及埋深或按单桩承载力确定桩数时，传至基础或承台底面上的作用效应应按正常使用极限状态下作用的标准组合；相应的抗力应采用地基承载力特征值或单桩承载力特征值；

2 计算地基变形时，传至基础底面上的作用效应应按正常使用极限状态下作用的准永久组合，不应计入风荷载和地震作用；相应的限值应为地基变形允许值；

4 在确定基础或桩基承台高度、支挡结构截面、计算基础或支挡结构内力、确定配筋和验算材料强度时，上部结构传来的作用效应和相应的基底反力、挡土墙土压力以及滑坡推力，应按承载能力极限状态下作用的基本组合，采用相应的分项系数；当需要验算基础裂缝宽度时，应按正常使用极限状态下作用的标准组合。

8.6 规范条文链接

规范条文链接如图 8-10 所示。
现行国家标准《混凝土结构设计标准》GB/T 50010：

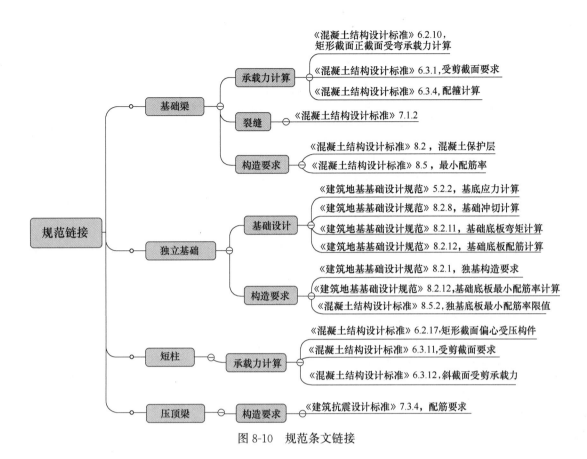

图 8-10 规范条文链接

8.2.1 构件中普通钢筋及预应力钢筋的混凝土保护层厚度应满足下列要求。

1 构件中受力钢筋的保护层厚度不应小于钢筋的公称直径 d；

2 设计使用年限为 50 年的混凝土结构，最外层钢筋的保护层厚度应符合表 8.2.1 的规定；设计使用年限为 100 年的混凝土结构，最外层钢筋的保护层厚度不应小于表 8.2.1 中数值的 1.4 倍。

表 8.2.1 混凝土保护层的最小厚度 c（mm）

环境类别	板、墙、壳	梁、柱、杆
一	15	20
二 a	20	25
二 b	25	35
三 a	30	40
三 b	40	50

注：1 混凝土强度等级不大于 C25 时，表中保护层厚度数值应增加 5mm；
2 钢筋混凝土基础宜设置混凝土垫层，基础中钢筋的混凝土保护层厚度应从垫层顶面算起，且不应小于 40mm。

8.5.1 钢筋混凝土结构构件中纵向受力钢筋的最小配筋百分率 $\rho_{\min}$ 应按现行强制性工程建设规范《混凝土结构通用规范》GB 35008 执行。不应小于表 8.5.1 规定的数值。

表 8.5.1 纵向受力钢筋的最小配筋百分率 ρ_{min} （%）

受力类型			最小配筋百分率
受压构件	全部纵向钢筋	强度等级 500MPa	0.50
		强度等级 400MPa	0.55
		强度等级 300MPa、335MPa	0.60
	一侧纵向钢筋		0.20
受弯构件、偏心受拉、轴心受拉构件一侧的受拉钢筋			0.20 和 $45f_t/f_y$ 中的较大值

注：1 受压构件全部纵向钢筋最小配筋百分率，当采用 C60 以上强度等级的混凝土时，应按表中规定增加 0.10；
    2 板类受弯构件（不包括悬臂板）的受拉钢筋，当采用强度等级 400MPa、500MPa 的钢筋时，其最小配筋百分率应允许采用 0.15 和 $45f_t/f_y$ 中的较大值；
    3 偏心受拉构件中的受压钢筋，应按受压构件一侧纵向钢筋考虑；
    4 受压构件的全部纵向钢筋和一侧纵向钢筋的配筋率以及轴心受拉构件和小偏心受拉构件一侧受拉钢筋的配筋率均应按构件的全截面面积计算；
    5 受弯构件、大偏心受拉构件一侧受拉钢筋的配筋率应按全截面面积扣除受压翼缘面积 $(b'_f-b)h'_f$ 后的截面面积计算；
    6 当钢筋沿构件截面周边布置时，"一侧纵向钢筋"系指沿受力方向两个对边中一边布置的纵向钢筋。

现行国家标准《建筑地基基础设计规范》GB 50007：

5.2.2 基础底面的压力，可按下列公式确定：

1 当轴心荷载作用时

$$p_k = \frac{F_k + G_k}{A} \quad (5.2.2\text{-}1)$$

式中：F_k——相应于作用的标准组合时，上部结构传至基础顶面的竖向力值（kN）；
        G_k——基础自重和基础上的土重（kN）；
        A——基础底面面积（m²）。

2 当偏心荷载作用时

$$p_{kmax} = \frac{F_k + G_k}{A} + \frac{M_k}{W} \quad (5.2.2\text{-}2)$$

$$p_{kmin} = \frac{F_k + G_k}{A} - \frac{M_k}{W} \quad (5.2.2\text{-}3)$$

式中：M_k——相应于作用的标准组合时，作用于基础底面的力矩值（kN·m）；
        W——基础底面的抵抗矩（m³）；
        p_{kmin}——相应于作用的标准组合时，基础底面边缘的最小压力值（kPa）。

3 当基础底面形状为矩形且偏心距 $e > b/6$ 时（图 5.2.2），p_{kmax} 应按下式计算：

$$p_{kmax} = \frac{2(F_k + G_k)}{3la} \quad (5.2.2\text{-}4)$$

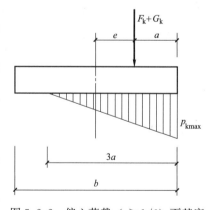

图 5.2.2 偏心荷载（$e > b/6$）下基底压力计算示意
b—力矩作用方向基础底面边长

式中：l——垂直于力矩作用方向的基础底面边长（m）；
        a——全力作用点至基础底面最大压力边缘的距离（m）。

8.2.8 柱下独立基础的受冲切承载力应按下列公式验算：

$$F_l \leqslant 0.7\beta_{hp}f_t a_m h_0 \quad (8.2.8\text{-}1)$$
$$a_m=(a_t+a_b)/2 \quad (8.2.8\text{-}2)$$
$$F_l=p_j A_l \quad (8.2.8\text{-}3)$$

式中：β_{hp}——受冲切承载力截面高度影响系数，当 h 不大于 800mm 时，β_{hp} 取 1.0；当 h 大于或等于 2000mm 时，β_{hp} 取 0.9，其间按线性内插法取用；

f_t——混凝土轴心抗拉强度设计值（kPa）；

h_0——基础冲切破坏锥体的有效高度（m）；

a_m——冲切破坏锥体最不利一侧计算长度（m）；

a_t——冲切破坏锥体最不利一侧斜截面的上边长（m），当计算柱与基础交接处的受冲切承载力时，取柱宽；当计算基础变阶处的受冲切承载力时，取上阶宽；

a_b——冲切破坏锥体最不利一侧斜截面在基础底面积范围内的下边长（m），当冲切破坏锥体的底面落在基础底面以内（图 8.2.8a、b），计算柱与基础交接处的受冲切承载力时，取柱宽加两倍基础有效高度；当计算基础变阶处的受冲切承载力时，取上阶宽加两倍该处基础有效高度；

p_j——扣除基础自重及其上土重后相应于作用的基本组合时的地基土单位面积净反力（kPa），对偏心受压基础可取基础边缘处最大地基土单位面积净反力；

A_l——冲切验算时取用的部分基础底面积（m²）（图 8.2.8a、b 中的阴影面积 ABCDEF）；

F_l——相应于作用的基本组合时作用在 A_l 上的地基土净反力设计值（kPa）。

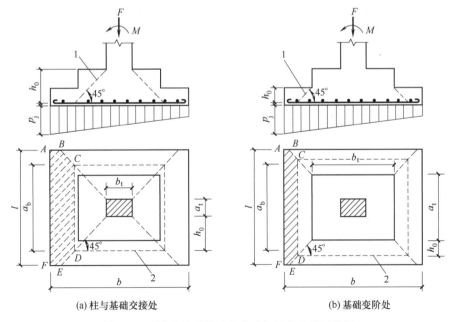

(a) 柱与基础交接处　　(b) 基础变阶处

图 8.2.8　计算阶形基础的受冲切承载力截面位置
1—冲切破坏锥体最不利一侧的斜截面；2—冲切破坏锥体的底面线

8.2.11 在轴心荷载或单向偏心荷载作用下，当台阶的宽高比小于或等于2.5且偏心距小于或等于1/6基础宽度时，柱下矩形独立基础任意截面的底板弯矩可按下列简化方法进行计算（图8.2.11）：

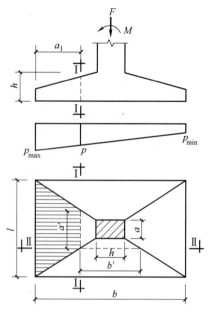

$$M_{\mathrm{I}} = \frac{1}{12} a_1^2 \left[(2l+a')\left(p_{\max}+p-\frac{2G}{A}\right) + (p_{\max}-p)l \right]$$
(8.2.11-1)

$$M_{\mathrm{II}} = \frac{1}{48} (l-a')^2 (2b+b') \left(p_{\max}+p_{\min}-\frac{2G}{A}\right)$$
(8.2.11-2)

式中：M_{I}、M_{II}——相应于作用的基本组合时，任意截面 I-I、II-II 处的弯矩设计值（kN·m）；

图8.2.11 矩形基础底板的计算示意

a_1——任意截面 I-I 至基底边缘最大反力处的距离（m）；

l、b——基础底面的边长（m）；

$p_{\max}$、$p_{\min}$——相应于作用的基本组合时的基础底面边缘最大和最小地基反力设计值（kPa）；

p——相应于作用的基本组合时在任意截面 I-I 处基础底面地基反力设计值（kPa）；

G——考虑作用分项系数的基础自重及其上的土自重（kN）；当组合值由永久作用控制时，作用分项系数可取1.35。

8.2.12 基础底板配筋除满足计算和最小配筋率要求外，尚应符合本规范第8.2.1条第3款的构造要求。计算最小配筋率时，对阶形或锥形基础截面，可将其截面折算成矩形截面，截面的折算宽度和截面的有效高度，按附录U计算。基础底板钢筋可按式（8.2.12）计算。

$$A_{\mathrm{s}} = \frac{M}{0.9 f_y h_0}$$
(8.2.12)

现行国家标准《建筑抗震设计规范》GB 50011：

7.3.4 多层砖砌体房屋现浇钢筋混凝土圈梁的构造应符合下列要求：

1 圈梁应闭合，遇有洞口圈梁应上下搭接。圈梁宜与预制板设在同一标高处或紧靠板底；

2 圈梁在本规范第7.3.3条要求的间距内无横墙时，应利用梁或板缝中配筋替代圈梁；

3 圈梁的截面高度不应小于120mm，配筋应符合表7.3.4的要求；按本规范第3.3.4条3款要求增设的基础圈梁，截面高度不应小于180mm，配筋不应少于4φ12。

表 7.3.4　多层砖砌体房屋圈梁配筋要求

配筋	烈度		
	6、7	8	9
最小纵筋	4φ10	4φ12	4φ14
箍筋最大间距(mm)	250	200	150

8.7　绘图软件

TSSD—基础承台模块—布独立柱基础，输入相应的独立基础参数后便可直接绘制出独立基础的平面图和独立基础详图（图 8-11、图 8-12）。

命令：CBDLZHJ

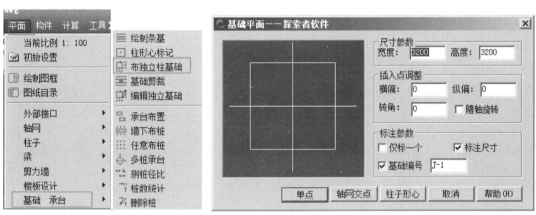

图 8-11　布独立柱基础

命令：ZHXZHJ

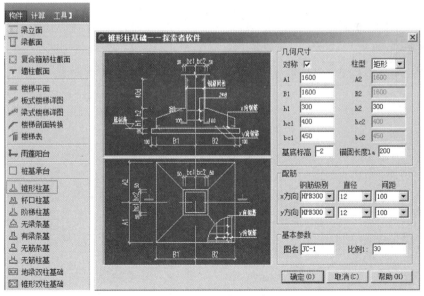

图 8-12　锥形柱基础

9 柱脚锚栓的设计

图 9-1～图 9-3 为某柱脚锚栓柱平面布置图，本章将以此为依据进行软件计算说明。

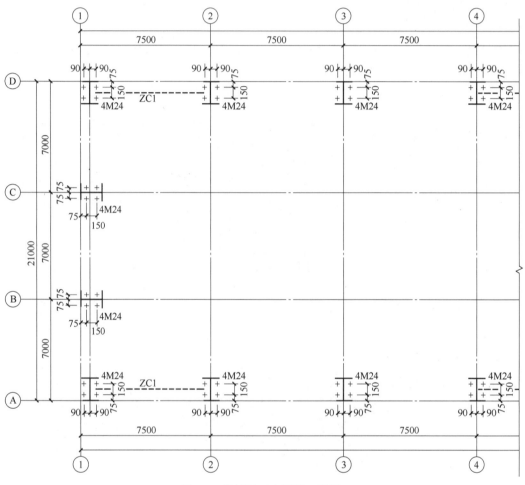

图 9-1 锚栓平面布置图（局部）

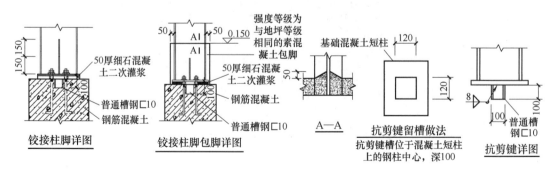

图 9-2 柱脚详图

锚栓平面图附注：

（1）预埋锚栓材质：Q235B 钢或 Q345B 钢。

（2）预埋精度（误差值）为：

1）各轴间距小于±3mm；

2）同一柱位螺栓间距小于±2mm；

3）以上两项合并小于±3mm。

（3）以 C40 微膨胀细石混凝土进行二次浇灌至设计标高。

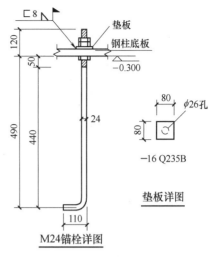

图 9-3 锚栓详图

9.1 设计小软件

柱脚锚栓计算一般采用 PKPM 软件钢结构模块（图 9-4、图 9-5）。

图 9-4 工具箱

图 9-5 柱脚节点

根据刚架柱截面尺寸选择柱截面，选择连接方法为铰接，锚栓钢号为 Q235，根据上部刚架的计算结果文件输入柱端内力，其他节点设计参数的输入如图 9-6～图 9-9 所示。

135

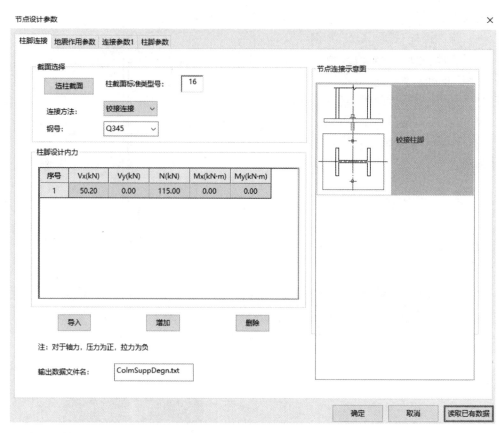

图 9-6　节点设计参数一

图 9-7　节点设计参数二

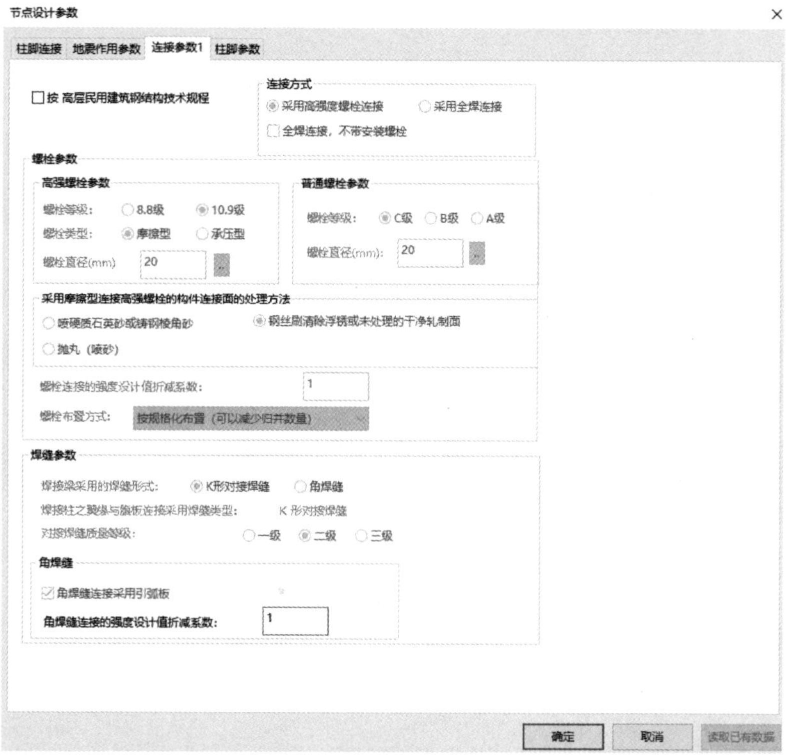

图 9-8　节点设计参数三

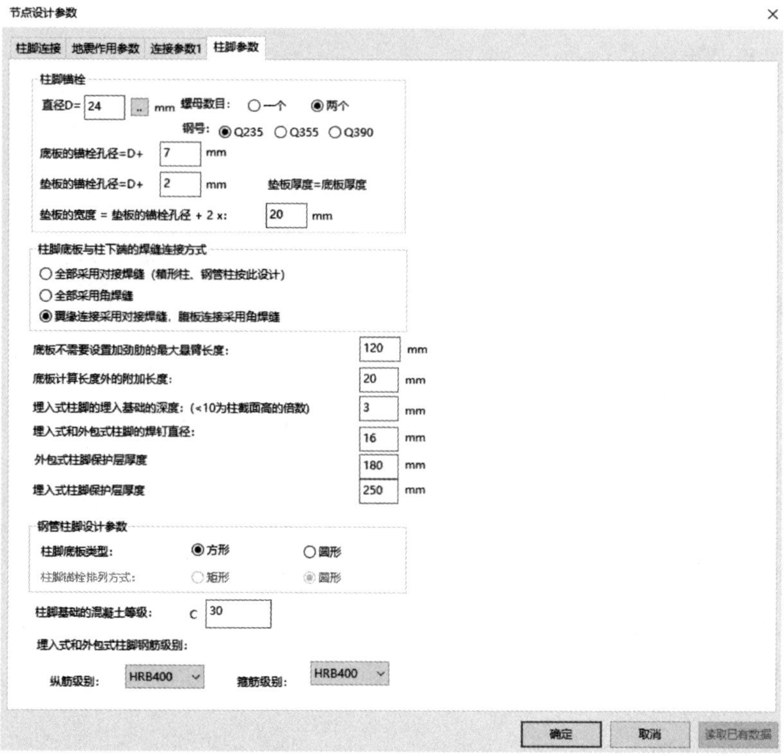

图 9-9　节点设计参数四

节点计算书输出结果如下：

工字形铰接柱脚节点（单排锚栓）

柱编号＝1
采用钢截面：WH300×250×6×12
柱脚混凝土强度等级：C30
柱脚底板钢号：Q345
柱脚底板尺寸 B×H×T＝290×355×20
锚栓钢号：Q235
锚栓直径 D＝24
锚栓垫板尺寸 B×T＝70×14
下面所指的腹板侧锚栓指中和轴附近锚栓，具体以施工图为准，腹板侧锚栓数量＝2。

柱底混凝土承压计算：
控制内力：N＝115.00 kN
柱脚混凝土最大压应力 σc：$1.12N/mm^2$
柱脚混凝土轴心抗压强度设计值 fc：$14.30N/mm^2$
σc＝1.12≤fc＝14.30，柱底混凝土承压验算满足。

锚栓抗拉承载力校核：
锚栓不承受拉力，按构造设置。

柱底板厚度校核（按混凝土承压最大压应力计算）：
区格1，柱翼缘侧悬臂板，计算底板弯矩：422.38N·mm
区格2，柱腹板侧的三边支撑板，计算底板弯矩：4316.27N·mm
底板厚度计算控制区格：区格2
底板反力计算最小底板厚度：Tmin1＝10mm
柱底板构造最小厚度 Tmin＝20mm
（最后控制厚度应取以上几者的较大值并规格化后的厚度）
柱脚底板厚度 T＝20mm
底板厚度满足要求。

柱底板与柱肢连接焊缝校核：
柱与底板的焊缝采用：翼缘采用对接焊缝，腹板采用角焊缝。
连接焊缝尺寸：腹板连接焊缝＝8mm
计算柱底连接焊缝控制组合号：1
对应的组合内力值：
Mx＝0.00kN·m　My＝0.00kN·m

N＝115.00kN　　　V＝50.20kN（合成以后的剪力）
焊缝应力计算值＝17.40N/mm²
焊缝应力设计值＝200.00N/mm²
柱底连接焊缝满足要求。

柱脚抗剪键校核：
已设抗剪键尺寸：110
抗剪键埋入深度（mm）：150
抗剪键焊缝尺寸（mm）：6
抗剪键判断对应的内力组合号：1
设置抗剪键转角：90°
抗剪键设计对应的内力（考虑摩擦0.4N折减）：
Vx＝4.20kN；Vy＝0.00kN
1. 截面抗剪承载力验算：
x向构件抗剪强度设计值：175.00N/mm²，计算构件截面的最大剪应力：10.68N/mm²
该方向验算满足。
y向构件抗剪强度设计值：175.00N/mm²，计算构件截面的最大剪应力：0.00N/mm²
该方向验算满足。
2. 连接抗剪承载力验算：
x向焊缝抗剪强度设计值：200.00N/mm²，计算焊缝的最大剪应力：5.90N/mm²
该方向验算满足。
y向焊缝抗剪强度设计值：200.00N/mm²，计算焊缝的最大剪应力：0.00N/mm²
该方向验算满足。
3. 底部混凝土承压验算：
沿x向混凝土抗压强度设计值：14.30N/mm²，计算混凝土的压应力：0.60N/mm²
该方向验算满足。
沿y向混凝土抗压强度设计值：14.30N/mm²，计算混凝土的压应力：0.00N/mm²
该方向验算满足。

9.2　优化分析

何种情况之下，锚栓可以按照构造要求设置？需要对柱脚进行受力分析，按照偏压（拉）的情况来具体判断。

若竖向荷载不足以抵消风吸力，表现为柱脚会出现上拔力。此时的锚栓才真正来抗拉；若柱脚无论在哪种组合中都不出现上拔力，这种情况下的柱脚锚栓可以按照构造设置。

注：关于锚栓预埋的时候，如何才能很好地定位，这里给出了解决方案。

9.3　图集构造

柱脚锚栓图集中给出的构造如图9-10、图9-11所示。

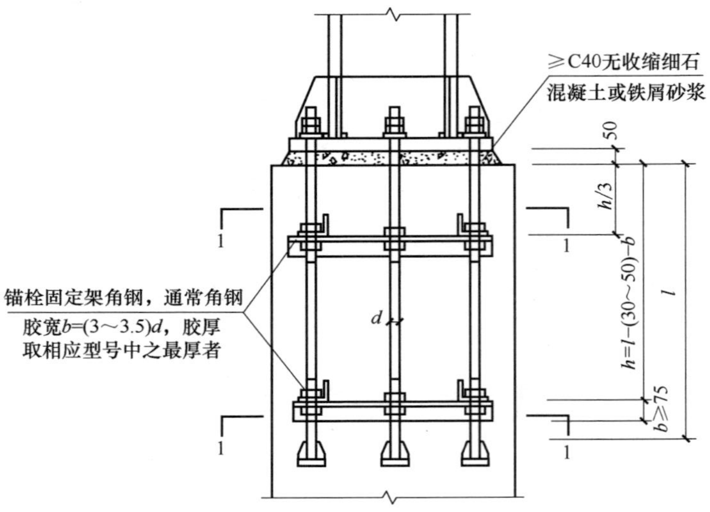

柱脚锚栓固定支架(一)

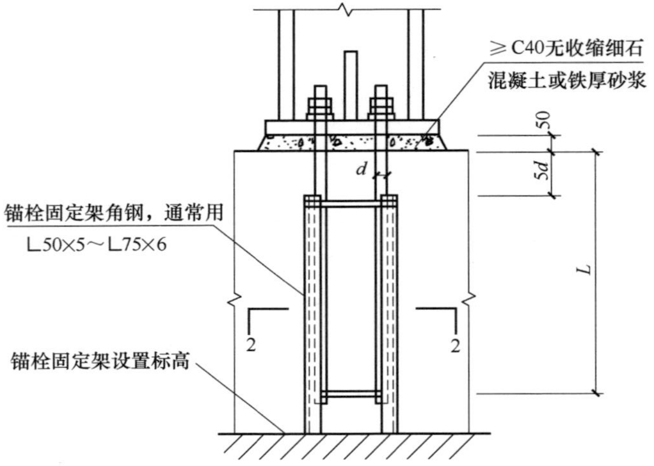

柱脚锚栓固定支架(二)

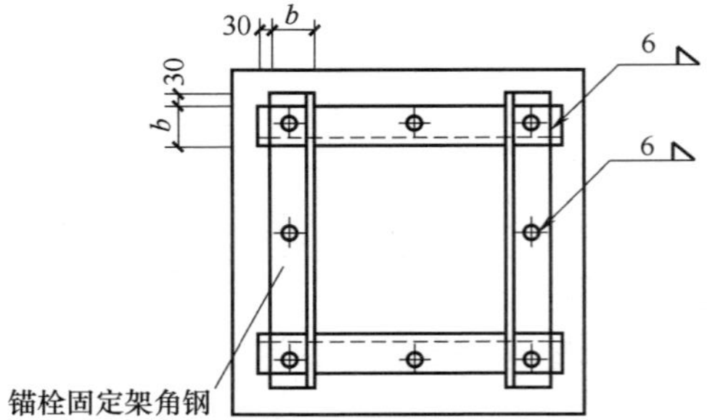

1-1

注：1.为使锚栓能准确定位，应采用具有足够刚度的固定支架，并在浇捣混凝土的过程中注意不使其移位。
2.固定架为施工过程中的定位工具，本图仅示出一般情况，施工时总视图材料情况参照本图构造制作。
3.图中d为锚栓直径。
4.在角钢或横圈板上的孔径取d+1.5mm。
5.锚栓中心距应根据柱脚详细尺寸准确定位。

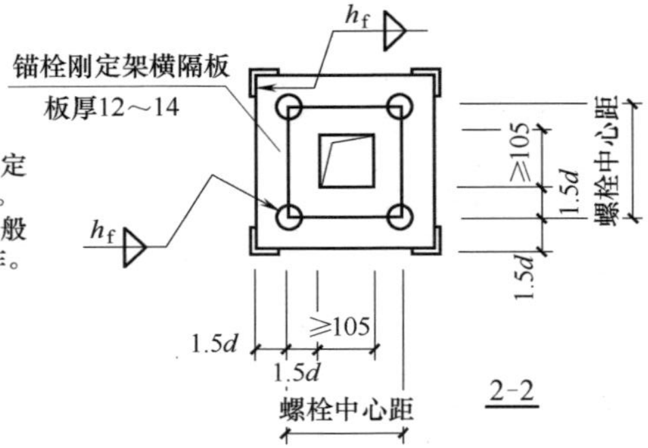

2-2

图 9-10　柱脚锚栓固定支架

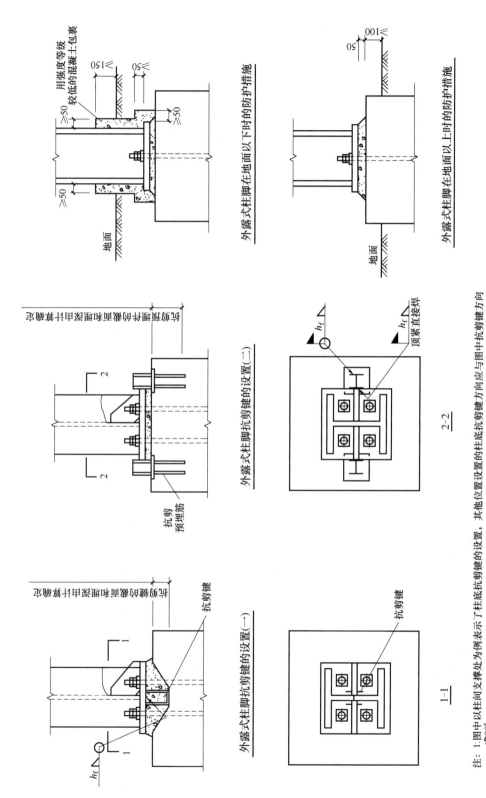

图 9-11 外露式柱脚抗剪键的设置及柱脚防护措施

注：关于抗剪键的设置，设计的做法一般比较单一：十字板或槽钢。图9-11提供了其他的抗剪键做法，以供需要的时候选择。

9.4 力学知识

柱脚受力图见图9-12。

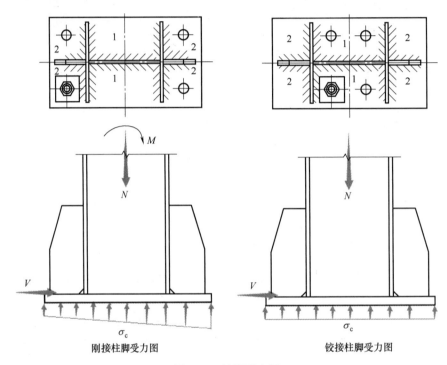

图9-12 柱脚受力图

铰接柱脚受力分析解读：

（1）柱脚有上部结构传来剪力V及轴向力N以及混凝土短柱的反作用力σ_c。

（2）柱脚底板面积$A=L\times B$确定。由于轴向力N通过柱脚底板压在混凝土短柱上，因此柱脚底板的面积A决定了压应力σ_c的大小，压应力σ_c必须不超过f_c，即$\sigma_c=\dfrac{N}{LB}\leqslant f_c$，否则混凝土会被压碎。

（3）柱脚底板的受力简化模型。对于1号区域底板为三边支承的板，对于2号区域底板为相邻边支承的板，这些不同区域的板在σ_c的作用下产生M，然后根据材料力学中受弯构件强度应力公式$M/W\leqslant f$可以反算出W，而$W=1/6\times 1\times t_{pb}^2$，$t_{pb}\geqslant\sqrt{\dfrac{6M_{\max}}{f}}$就是这样得来的。

刚接柱脚受力分析同铰接柱脚类似，只是由于M的存在使得σ_c不再是均布，而是非均匀受力。但是柱脚面积的确定和底板的受力模型及铰接柱脚是一样的。此处不再赘述。

9.5 设计理论

柱脚设计原理（图 9-13）：
(1) 基本原理：柱脚设计原理；
(2)《钢结构连接节点设计手册》(第四版)，铰接柱脚的设计之 8-73；
(3)《钢结构连接节点设计手册》(第四版)，铰接柱脚的锚栓的要求之 8-77；
(4)《钢结构连接节点设计手册》(第四版)，柱脚安装节点之 8-86；
(5)《钢结构连接节点设计手册》(第四版)，锚栓的构造要求之 8-87；
(6)《钢结构连接节点设计手册》(第四版)，锚栓的设计原理之 8-90。

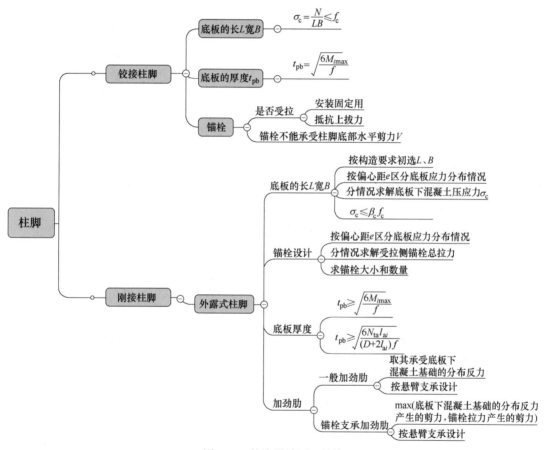

图 9-13 柱脚设计原理链接

9.5.1 铰接柱脚设计原理

1. 铰接柱脚的示例

铰接柱脚仅承受轴心压力和水平剪力，图 9-14 为工程中铰接柱脚示例。

2. 柱脚底板的设计

铰接柱脚底板的长度和宽度可按下式确定，同时应符合构造的要求。

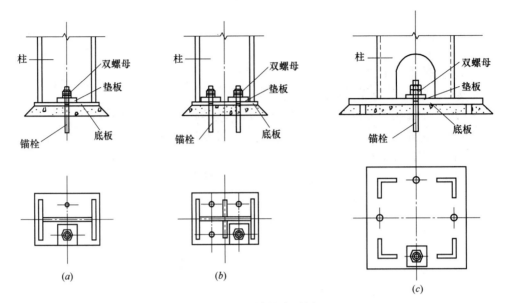

图 9-14 铰接柱脚示例

$$\sigma_c = \frac{N}{LB} \leqslant f_c \tag{9-1}$$

式中 N——柱的轴心压力；

L——柱脚底板的长度；

B——柱脚底板的宽度；

f_c——柱脚底板下的混凝土轴心抗压强度设计值。

柱脚底板的厚度可按下式确定，同时不应小于柱中较厚板件的厚度，且不宜小于 20mm。

$$t_{pb} \geqslant \sqrt{\frac{6M_{i\max}}{f}} \tag{9-2}$$

式中 $M_{i\max}$——根据柱脚底板下混凝土基础的反力和底板的支承条件确定的最大弯矩。

通常情况下，对无加劲肋的底板可近似地按悬臂板考虑；另外对 H 形截面柱，还应按三边支承板考虑；对箱形截面柱的箱内底板部分，还应按四边支承板考虑；对圆管形截面柱的管内底板部分，还应按周边支承圆板考虑。据此，可按下列公式计算：

(1) 对悬臂板：
$$M_1 = \frac{1}{2}\sigma_c a_1^2 \tag{9-3}$$

式中 a_1——底板的悬臂长度。

(2) 对三边支承板和两相邻边支承板：
$$M_2 = \alpha \sigma_c a_2^2 \tag{9-4}$$

式中 α——与 b_2/a_2 有关的系数，按表 9-1 采用；

a_2——计算区格内，板的自由边长度；对两相邻边支承板，应按表 9-1 中的图示确定。

(3) 对四边支承板：
$$M_3 = 0.048\sigma_c a_3^2 \tag{9-5}$$

式中 a_3——箱形截面柱的箱内正方形底板的边长。

系数 α 值　　　　表 9-1

图示													
(a) 三边支承板	b_2/a_2	0.30	0.35	0.40	0.45	0.50	0.55	0.60	0.65	0.70	0.75	0.80	0.85
	α	0.027	0.036	0.044	0.052	0.060	0.068	0.075	0.081	0.087	0.092	0.097	0.101
(b) 两相邻边支承板	b_2/a_2	0.90	0.95	1.00	1.10	1.20	1.30	1.40	1.50	1.75	2.00	>2.00	
	α	0.105	0.109	0.112	0.117	0.121	0.124	0.126	0.128	0.130	0.132	0.133	

注：当 $b_2/a_2 < 0.3$ 时，按悬伸长度为 b_2 的悬臂板计算。

(4) 对圆形周边支承板：　　　$M_4 = 0.021 \sigma_c r^2$　　　(9-6)

式中　r——圆管形截面柱的管内圆形底板的半径。

当柱脚底板的混凝土基础的反力较大时，为避免底板过厚，也可设置加劲肋予以加强；此时底板的厚度、加劲肋的高度和厚度、板件的相互连接等，应根据底板的区格情况和支承条件，参照刚性固定露出式柱脚的有关要求确定。

3. 锚栓的要求

铰接柱脚的锚栓如果仅考虑为安装过程的固定用途，此时锚栓的直径通常根据其与钢柱板件厚度相协调的原则来确定；一般可以在 20~42mm 的范围内采用，且不宜小于 20mm。

锚栓的数目常采用 2 个或 4 个，同时尚应与钢柱的截面形式、截面大小，以及安装要求相协调。

锚栓应设置弯钩、锚板、锚梁，此时其锚固长度尚应满足规范的要求。

柱脚底板的锚栓孔径，宜取锚栓直径加 5~10mm；锚栓垫板的锚栓孔径，取锚栓直径加 2mm。锚栓垫板的厚度通常取与底板厚度相同。

在柱子安装校正完毕后，应将锚栓垫板与底板相焊牢，焊脚尺寸不宜小于 10mm；锚栓应采用双螺母紧固；为防止螺母松动，螺母与锚栓垫板尚应进行点焊。

在埋设锚栓时，一般宜采用锚栓固定架，以保证锚栓位置的正确。

9.5.2 刚接柱脚设计原理

1. 设计注意事项

刚性固定柱脚除承受轴心压力和水平剪力外，还要承受弯矩。按其构造形式可分为：(1) 外露式柱脚；(2) 埋入式柱脚；(3) 外包式柱脚。在门式刚架轻型房屋钢结构厂房中，一般采用外露式柱脚。

刚性固定外露式柱脚主要由底板、加劲肋（加劲板）、锚栓及锚栓支承托座等组成（图 9-15），各部分的板件都应具有足够的强度和刚度，而且相互间应有可靠的连接。

为满足柱脚的嵌固，提高其承载力和变形能力，柱脚底部（柱脚处）在形成塑性铰之前，不容许锚栓和底板发生屈曲，也不容许基础混凝土被压坏。因此设计外露式柱脚时应

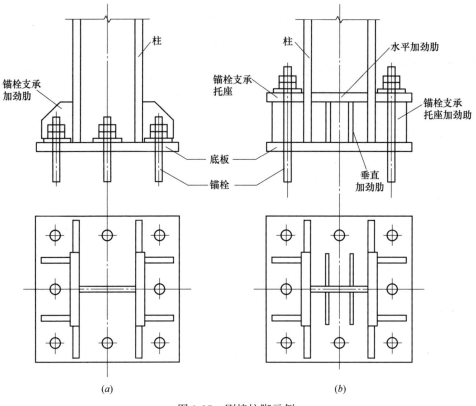

图 9-15 刚接柱脚示例

注意：

（1）为提高柱脚底板的刚度和减小底板的厚度，应采用增设加劲肋和锚栓支承托座等补强措施。

（2）设计锚栓时，应使锚栓的屈服在底板和柱构件的屈服之后。因此，要求设计上对锚栓应留有 15%～20% 的富余量。

（3）为提高柱脚的初期回转刚度和抗滑移刚度，对锚栓应施加预拉力，预加拉力的大小宜控制在 5～8kN/cm^2 的范围，作为预加拉力的施工方法，宜采用扭角法。

（4）柱脚底板下部二次浇灌的细石混凝土或水泥砂浆，将给予柱脚初期刚度很大的影响，因此应灌以高强度微膨胀的细石混凝土或高强度膨胀水泥砂浆。通常采用强度等级为 C40 的细石混凝土或强度等级为 M50 的膨胀水泥砂浆。

2. 一般构造要求

刚性固定露出式柱脚，一般均应设置加劲肋（加劲板），以加强柱脚的刚度；当荷载大，嵌固要求高时，尚须增设锚栓支承托座等补强措施。

柱脚底板的长度、宽度和厚度除应满足计算要求外，还应满足构造的要求。一般底板的厚度不应小于柱子较厚板件的厚度，且不宜小于 30mm。

通常情况下，底板的长度和宽度先根据柱子的截面尺寸和锚栓设置的构造要求确定；当荷载较大时，为减小底板下基础的分布反力增大而造成底板厚度增大过快的问题，多采用增设加劲肋（加劲板）和锚栓支承托座等补强措施，以扩展底板的长度和宽度。此时底板的长度和宽度扩展的外伸尺寸（相对柱子截面的高度和宽度的边端距离），每侧不宜超过底板厚度的 $18\sqrt{\dfrac{235}{f_y}}$ 倍。

当底板尺寸较大时，为在底板下二次浇灌混凝土或水泥砂浆，并保证能紧密充满，应在底板下开设直径 80～105mm 的排气孔数个，具体位置可根据柱脚构造来确定。

一般加劲肋（加劲板）的高度和厚度，应根据其承受底板下混凝土基础的分布反力按计算确定，其高度通常不宜小于 250mm，厚度不宜小于 12mm，并应与柱子的板件厚度和底板厚度相协调。

由于锚栓支承托座加劲肋或锚栓加劲肋是对称设置在垂直于弯矩作用平面的受拉侧和受压侧，锚栓支承托座加劲肋或锚栓加劲肋的高度和厚度，应取其承受底板下混凝土基础的分布反力和锚栓拉力两者中的较大者，按计算确定。通常其高度不宜小于 300mm，厚度不宜小于 16mm，并应与柱子的板件厚度和底板厚度相协调。

锚栓支承托座顶板和锚栓垫板的厚度，一般取底板厚度的 0.5～0.7 倍。

锚栓支承托座加劲肋的上端与支承托座顶板的连接宜刨平顶紧。

锚栓在柱脚端弯矩的作用下承受拉力，同时作为安装过程的固定之用。因此，其直径和数目应按计算要求确定。但无论如何，尚须按构造要求配置锚栓。锚栓的数目在垂直于弯矩作用平面的每侧不应少于 2 个，同时尚应与钢柱的截面形式和大小，以及安装要求相协调；其直径一般可在 30～76mm 的范围内采用，且不宜小于 30mm。

锚栓应设置锚板和锚梁，此时锚栓的锚固长度尚应满足规范要求。

柱脚底板和锚栓支承托座顶板的锚栓孔径，宜取锚栓直径加 5～10mm；锚栓垫板的锚栓孔径，取锚栓直径加 2mm。

在柱子安装校正完毕后，应将锚栓垫板与底板或锚栓支承托座顶板相焊牢，焊脚尺寸不宜小于 10mm；锚栓应采用双螺母紧固，为防止螺母松动，螺母与锚栓垫板尚应进行点焊。

为使锚栓能准确地锚固于设计位置，应采用刚强的固定架，以避免锚栓在浇灌混凝土过程中移位。

加劲肋（加劲板）、锚栓支承加劲肋、锚栓支承托座加劲肋，以及锚栓支承托座顶板，与柱脚底板和柱子板件等均采用焊缝连接。其焊缝形式和焊脚尺寸一般可按构造要求确定；当角焊缝的焊脚尺寸满足 $h_f \geqslant 1.5\sqrt{t}$ 时 [$t = \max\{t_1, t_2\}$]，可参考表 9-2 采用。

柱脚加劲肋等与底板和柱子板件连接的焊缝形式和焊脚尺寸参考表　　　表 9-2

$t = \max\{t_1, t_2\}$											
t	10	12	14	16	18	20	22	25	28	30	32	36
h_f	6	6	8	8	10	10	12	14	14	16	16	18

(a)　　(b)　　(c)

3. 柱脚底板的设计

柱脚底板的长度 L 和宽度 B，应根据设置的加劲肋等补强板件和锚栓的构造特点（图 9-16），按下列公式先行确定：

$$L=h+2l_1+2l_2 \quad (9\text{-}7)$$

$$B=b+2b_1+2b_2 \quad (9\text{-}8)$$

式中　h——柱的截面高度；
　　　l_1——底板长度方向补强板件或锚栓支承托座板件的尺寸；
　　　l_2——底板长度方向的边距，一般取 $l_2=10\sim 30\mathrm{mm}$；
　　　b——柱的截面宽度；

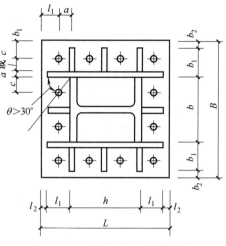

图 9-16　底板长度尺寸计算图示

　　　b_1——底板宽度方向补强板件或锚栓支承托座板件的尺寸；
　　　b_2——底板宽度方向的边距，一般取 $b_2=10\sim 30\mathrm{mm}$。

刚性固定露出式柱脚在柱脚弯矩 M、轴心压力 N 和水平剪力 V 共同作用下，应按表 9-3 所列公式和要求，分别计算底板下混凝土基础的受压应力、受拉侧锚栓的总拉力或锚栓的总有效面积、水平抗剪承载力。

当柱脚的水平抗剪承载力 $V_{\mathrm{fb}} \leqslant V$ 时，应在柱脚底板下设置抗剪键或在柱脚处增设抗剪插筋并局部浇灌细石混凝土。

底板下混凝土基础的受压应力、受拉侧锚栓的总拉力或总有效面积、水平抗剪承载力计算公式　　　　表 9-3

	(a)	(b)	(c)
底板下的混凝土受压应力分布图示			
偏心距 e 判别式	$e \leqslant L/6$	$L/6 < e \leqslant (L/6+l_1/3)$	$e > (L/6+l_1/3)$
底板下的混凝土最大受压应力	$\sigma_c = \dfrac{N}{LB}(1+6e/L) \leqslant \beta_c f_c$	$\sigma_c = \dfrac{2N}{3B(L/2-e)} \leqslant \beta_c f_c$	$\sigma_c = \dfrac{2N(e+L/2-l_1)}{Bx_n(L-l_1-x_n/3)} \leqslant \beta_c f_c$

续表

受拉侧锚栓的总拉力或锚栓的总有效面积	$T_a=0$	$T_a=0$	$T_a=\dfrac{N(e-L/2+x_n/3)}{L-l_1-x_n/3}$ 或 $A_e^a=T_a/f_t^a$
水平抗剪承载力	$V_{fb}=0.4N \geqslant V$	$V_{fb}=0.4N \geqslant V$	$V_{fb}=0.4(N+T_a) \geqslant V$

注：表中 e——偏心距（$e=M/N$）；

f_c——底板下混凝土的轴心抗压强度设计值；

β_c——底板下混凝土局部承压时的轴心抗压强度设计值提高系数；

T_a——受拉侧锚栓的总拉力；

V_{fb}——底板底面与混凝土或水泥砂浆之间的摩擦力；

f_t^a——锚栓的抗拉强度设计值；

A_e^a——受拉侧锚栓的总有效面积；

l_1——由受拉侧底板边缘至受拉锚栓中心的距离；

x_n——底板受拉区的长度，可按式（9-9）计算。

$$x_n^3+3(e-L/2)x_n^2-\dfrac{6nA_e^a}{B}(e+L/2-l_1)(L-l_1-x_n)=0 \tag{9-9}$$

式中 n——钢材的弹性模量与混凝土的弹性模量之比。

柱脚底板的厚度 t_{pb}，应同时符合下列公式的要求，而且不应小于柱较厚板件厚度，且不宜小于 30mm。

$$t_{pb} \geqslant \sqrt{\dfrac{6M_{i\max}}{f}} \tag{9-2}$$

$$t_{pb} \geqslant \sqrt{\dfrac{6N_{ta}l_{ai}}{(D+2l_{ai})f}} \tag{9-10}$$

式中 $M_{i\max}$——根据柱脚底板下的混凝土基础反力和底板的支承条件，分别按悬臂板、三边支承板、两相邻边支承板、四边支承板、周边支承板、两相对边支承板计算得到的最大弯矩，其值可按以下要求确定：

（1）对悬臂板：

$$M_1=\dfrac{1}{2}\sigma_c a_1^2 \tag{9-3}$$

式中 σ_c——计算区格内底板下混凝土基础的最大分布反力；

a_1——底板的悬臂长度。

（2）对三边支承板和两相邻边支承板： $M_2=\alpha\sigma_c a_2^2 \tag{9-4}$

式中 α——与 b_2/a_2 有关的系数，按表 9-1 采用；

a_2——计算区格内，板的自由边长度；对两相邻边支承板，应按表 9-1 中的图示确定。

（3）对四边支承板： $M=\beta\sigma_c a_3^2 \tag{9-11}$

β——与 b_3/a_3 有关的系数，按表 9-4 采用；

a_3、b_3——计算区格内，板的短边和长边。

系数 β 值　　　　　　　　　　　表 9-4

四边支承板	b_3/a_3	1.00	1.05	1.10	1.15	1.20	1.25	1.30	1.35	1.40	1.45
	β	0.048	0.052	0.055	0.059	0.063	0.066	0.069	0.072	0.075	0.078
	b_3/a_3	1.50	1.55	1.60	1.65	1.70	1.75	1.80	1.90	2.00	>2.00
	β	0.081	0.084	0.086	0.089	0.091	0.093	0.095	0.099	0.102	0.125

(4) 对圆形周边支承板：
$$M_4 = 0.21\sigma_c r^2 \tag{9-12}$$
式中　r——圆形板的半径。

(5) 对两对边支承板：
$$M_5 = \frac{1}{8}\sigma_c a_5^2 \tag{9-13}$$
式中　a_5——两相对边支承板的跨度；
　　　D——锚栓的孔径。

当锚栓拉力 N_{ta} 由两个或三个支承边承受时，锚栓拉力相应地由各支承边分担，而每个支承边的有效长度应根据扩散角 $\theta \leqslant 45°$ 来确定（图 9-17）。

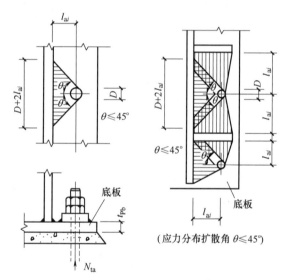

图 9-17　锚栓承受底板拉力计算图示
l_{ai}——一个锚栓所承受的拉力

9.6　规范条文链接

《门规》：

10.2.15　柱脚节点应符合下列规定：

1　门式刚架柱脚宜采用平板式铰接柱脚（图 10.2.15-1）；也可采用刚接柱脚（图 10.2.15-2）。

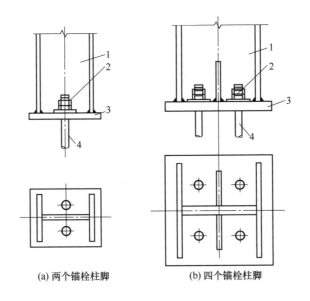

(a) 两个锚栓柱脚　　　(b) 四个锚栓柱脚

图 10.2.15-1　铰接柱脚
1—柱；2—双螺母及垫板；3—底板；4—锚栓

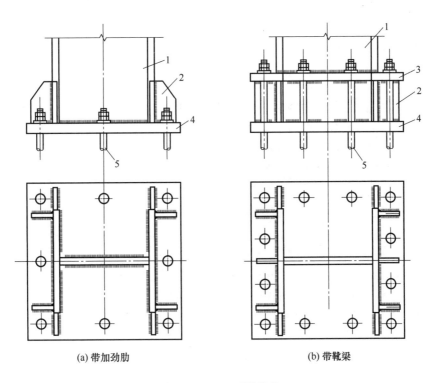

(a) 带加劲肋　　　(b) 带靴梁

图 10.2.15-2　刚接柱脚
1—柱；2—加劲板；3—锚栓支承托座；4—底板；5—锚栓

2 计算带有柱间支撑的柱脚锚栓在风荷载作用下的上拔力时，应计入柱间支撑产生的最大竖向分力，且不考虑活荷载、雪荷载、积灰荷载和附加荷载影响，恒载分项系数应取1.0。计算柱脚锚栓的受拉承载力时,应采用螺纹处的有效截面面积。

  3 带靴梁的锚栓不宜受剪,柱底受剪承载力按底板与混凝土基础间的摩擦力取用,摩擦系数可取0.4,计算摩擦力时应考虑屋面风吸力产生的上拔力的影响。当剪力由不带靴梁的锚栓承担时,应将螺母、垫板与底板焊接,柱底的受剪承载力可按0.6倍的锚栓受剪承载力取用。当柱底水平剪力大于受剪承载力时,应设置抗剪键。

  4 柱脚锚栓应采用Q235钢或Q345钢制作。锚栓端部应设置弯钩或锚件,且应符合现行国家标准《混凝土结构设计规范》GB 50010的有关规定。锚栓的最小锚固长度 l_a(投影长度)应符合表10.2.15的规定,且不应小于200mm。锚栓直径 d 不宜小于24mm,且应采用双螺母。

表10.2.15 锚栓的最小锚固长度

锚栓钢材	混凝土强度等级					
	C25	C30	C35	C40	C45	≥C50
Q235	$20d$	$18d$	$16d$	$15d$	$14d$	$14d$
Q345	$25d$	$23d$	$21d$	$19d$	$18d$	$17d$

现行国家标准《混凝土结构设计标准》GB/T 50010

8.3.1 当计算中充分利用钢筋的抗拉强度时,受拉钢筋的锚固长度应符合下列要求:
1 基本锚固长度应按下列公式计算:
普通钢筋

$$l_{ab}=\alpha \frac{f_y}{f_t}d \qquad (8.3.1\text{-}1)$$

8.3.2 纵向受拉普通钢筋的锚固长度修正系数 ζ_a 应按下列规定取用:
1 当带肋钢筋的公称直径大于25mm时取1.10;
2 环氧树脂涂层带肋钢筋取1.25;
3 施工过程中易受扰动的钢筋取1.10;
4 当纵向受力钢筋的实际配筋面积大于其设计计算面积时,修正系数取设计计算面积与实际配筋面积的比值,但对有抗震设防要求及直接承受动力荷载的结构构件,不应考虑此项修正;
5 锚固钢筋的保护层厚度为 $3d$ 时修正系数可取0.80,保护层厚度为 $5d$ 时修正系数可取0.70,中间按内插取值,此处 d 为锚固钢筋的直径。

8.3.3 当纵向受拉普通钢筋末端采用弯钩或机械锚固措施时,包括弯钩或锚固端头在内的锚固长度(投影长度)可取为基本锚固长度 l_{ab} 的60%。弯钩和机械锚固的形式(图8.3.3)和技术要求应符合表8.3.3的规定。

表8.3.3 钢筋弯钩的机械锚固的形式和技术要求

锚固形式	技术要求
90°弯钩	末端90°弯钩,弯钩内径 $4d$,弯后直段长度 $12d$
135°弯钩	末端135°弯钩,弯钩内径 $4d$,弯后直段长度 $5d$
一侧贴焊锚筋	末端一侧贴焊长 $5d$ 同直径钢筋
两侧贴焊锚筋	末端两侧贴焊长 $3d$ 同直径钢筋

续表

锚固形式	技术要求
焊端锚板	末端与厚度 d 的锚板穿孔塞焊
螺栓锚头	末端旋入螺栓锚头

注：1 焊缝和螺纹长度应满足承载力要求；
2 螺栓锚头和焊接锚板的承压净面积不应小于锚固钢筋截面面积的 4 倍；
3 螺栓锚头的规格应符合相关标准的要求；
4 螺栓锚头和焊接锚板的钢筋净间距不宜小于 $4d$，否则应考虑群锚效应的不利影响；
5 截面角部的弯钩和一侧贴焊锚筋的布筋方向宜向截面内侧偏置。

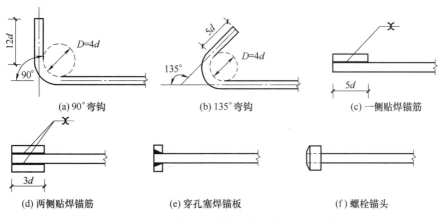

图 8.3.3　弯钩和机械锚固的形式和技术要求

9.7　绘图软件

采用 TSSD 钢结构模块下—钢工具—地脚螺栓命令绘制地脚螺栓（图 9-18）。

 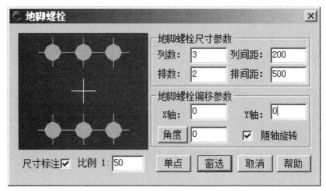

图 9-18　TSSD 绘图

10 吊车梁的设计

图 10-1~图 10-3 为某吊车梁设计图，本章将以此为依据进行软件计算说明。

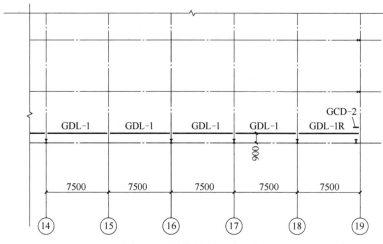

图 10-1 吊车梁平面布置图

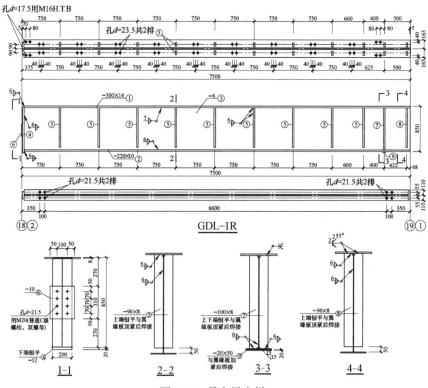

图 10-2 吊车梁大样

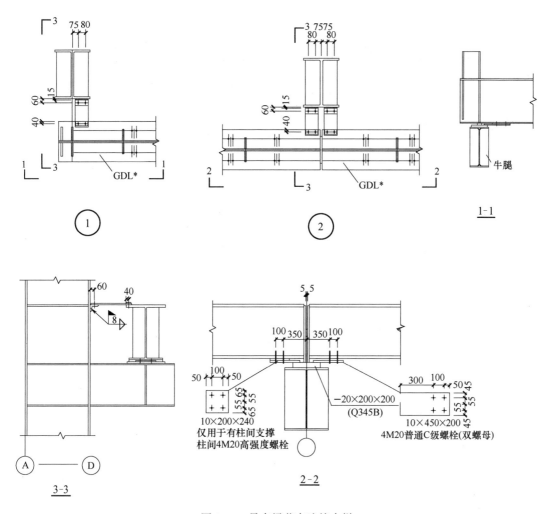

图 10-3 吊车梁节点连接大样

附注

(1) 本工程的钢吊车梁及其连接件采用 Q345B 级钢。

(2) 轨道联结 GDGL-2 及 GCD-2 选自《吊车轨道联结及车挡（适用于钢吊车梁）》05G525，缓冲器中心至轨道中心距离根据吊车实际样本相应调整；轨道型号：43kg/m 钢轨。

(3) 厂房刚架应结合吊车梁系统构件详图及节点图加工。

(4) GDL-1（GDL-1L、R）截面 H850×6×（300×14）×（220×10）。

(5) 未注明的孔径均为 23.5mm。

(6) LB-1 与柱的连接采用 10.9 级 M16 高强度螺栓。

10.1 分析软件

(1) 选择钢结构模型中的工具箱如图 10-4 所示。

(2) 选择钢结构工具中的吊车梁计算工具如图 10-5 所示。

(3) 选择工字形吊车梁计算与施工图菜单如图 10-6 所示。

图 10-4　工具箱

图 10-5　吊车梁计算工具

图 10-6　工字形吊车梁计算与施工图

(4) 选择吊车梁计算菜单如图 10-7 所示。

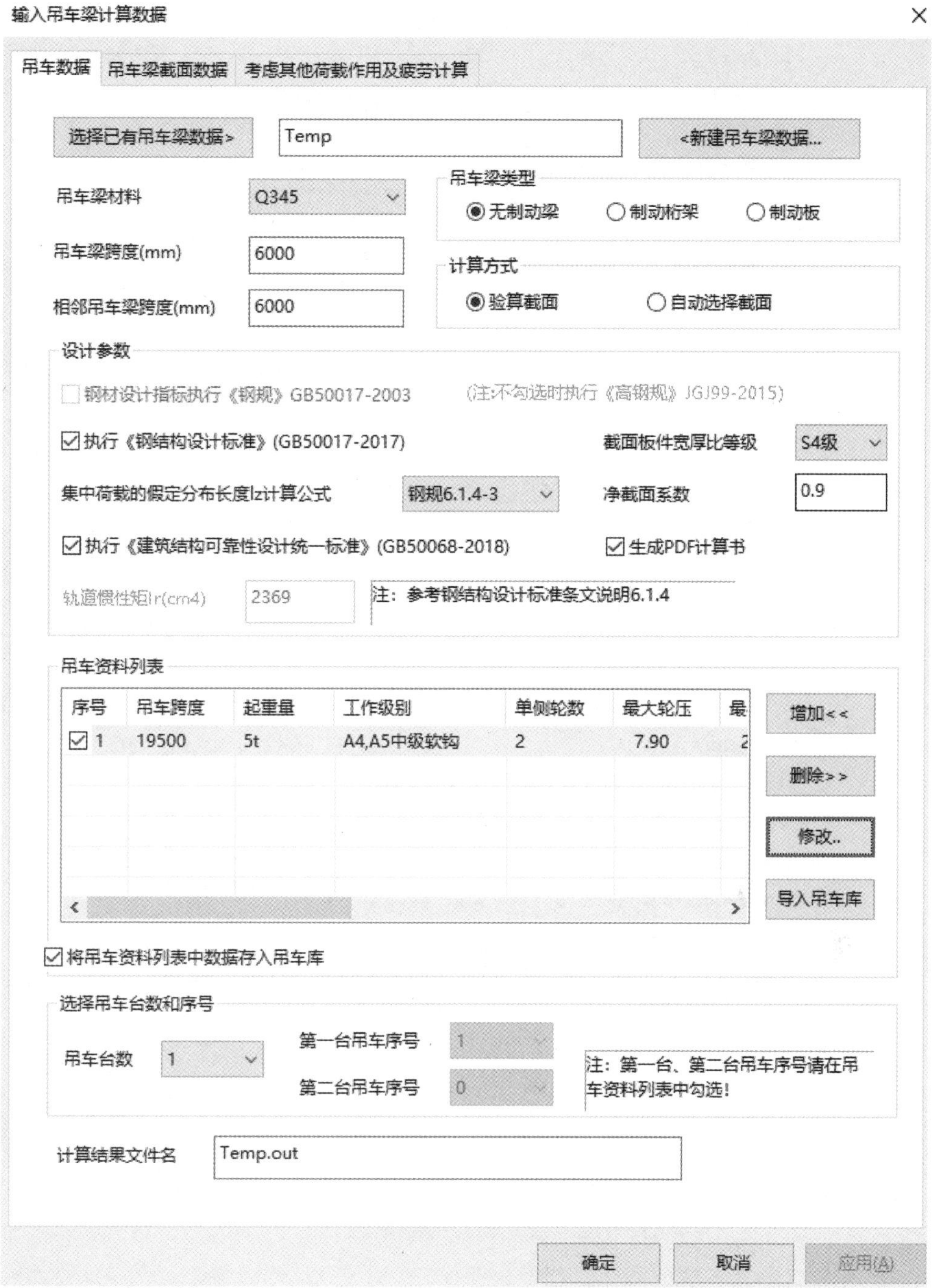

图 10-7　吊车梁计算

（5）输入吊车梁计算数据如图 10-8 所示。

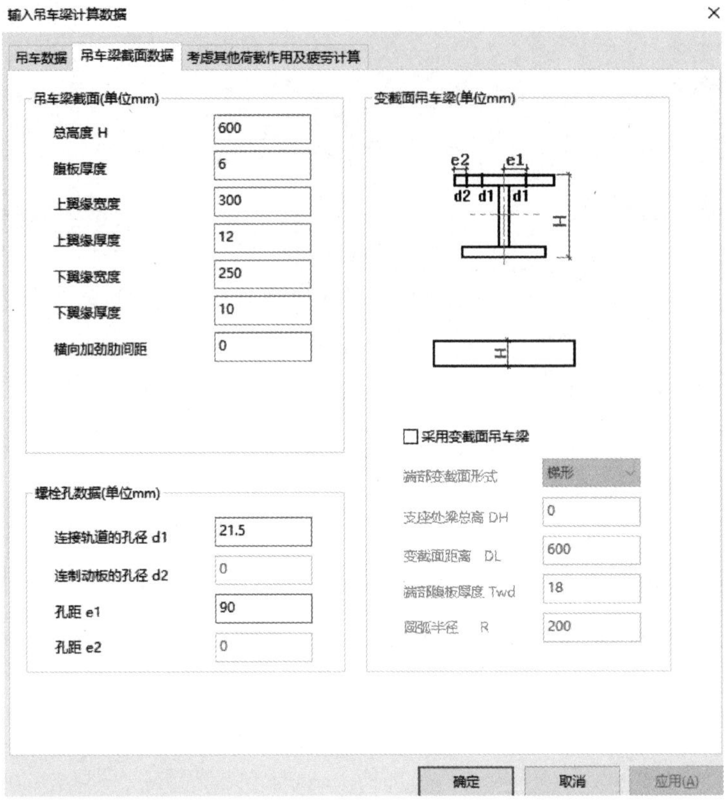

(a)

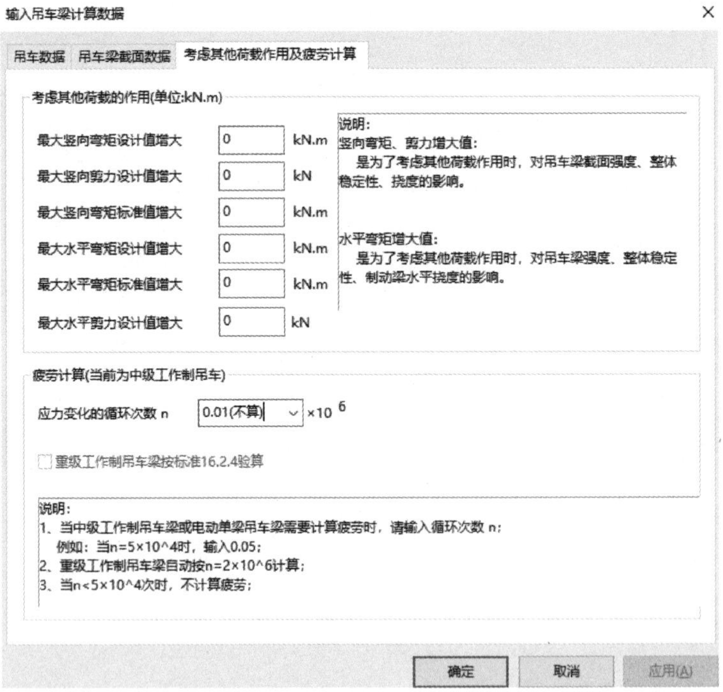

(b)

图 10-8 吊车梁计算数据输入

简支焊接工字形钢吊车梁设计输出文件

输入数据文件：Temp

输出结果文件：Temp.pdf

设计依据：现行国家标准《建筑结构荷载规范》GB 50009、《钢结构设计标准》GB 50017。

(一) 设计信息

1. 基本信息

吊车梁跨度（mm）：6000

相邻吊车梁跨度（mm）：6000

吊车台数：1

第一台的序号：1

第二台的序号（只有一台时＝0）：0

吊车梁的类型：无制动结构

钢材钢号：Q345

计算方式：验算截面

2. 吊车数据（除特殊说明，重量单位为 t；长度单位为 m)

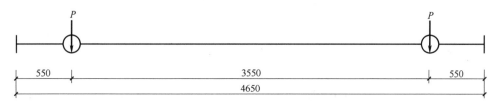

吊车1几何尺寸示意图（mm）

序号	起重量	工作级别	一侧轮数	最大轮压	最小轮压	小车重	吊车宽度	轨道高度	卡轨力系数	轮距
1	5	A4,A5 软钩	2	7.90	2.95	1.80	4.650	0.134	0.00	3.55

3. 截面几何参数 (mm)

吊车梁总高：600.000

腹板的厚度：6.000

上翼缘的宽度：300.000

上翼缘的厚度：12.000

下翼缘的宽度：250.000

下翼缘的厚度：10.000

连接吊车轨道的螺栓孔直径：21.500

连接制动板的螺栓孔直径：0.000

连接轨道的螺栓孔到吊车梁中心的距离：90.000

连接制动板的螺栓孔到制动板边缘的距离：0.000

截面板件宽厚比等级：S4

集中荷载的假定分布长度 l_z 计算公式（0.《钢结构设计标准》6.1.4-2；1.《钢结构设计标准》6.1.4-3）：1

净截面系数：0.90

4. 吊车梁、制动梁的净截面截面特性

吊车梁重心位置（相对于下翼缘下表面）（m）：0.318308

吊车梁对于 x 轴的惯性矩（m^4）：0.000577715

吊车梁对于 x 轴的抵抗矩（m^3）：0.00205088

制动梁对于 y 轴的惯性矩（m^4）：2.28005e-05

制动梁对于 y 轴的抵抗矩（m^3）：0.000152003

（二）计算结果

1. 吊车梁截面内力计算

（1）梁绝对最大竖向、水平弯矩（标准值）计算：

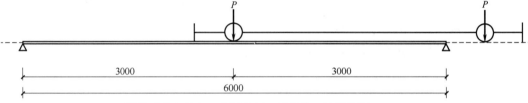

梁绝对最大竖向、水平弯矩（标准值）计算简图（mm）

最大弯矩对应梁上的轮子序号（从左到右）：1

最大弯矩对应梁上有几个轮：1

最大弯矩对应轮相对梁中点的距离（轮在中点左为正）：0.000

吊车最大轮压（标准值）产生的最大竖向弯矩：116.213

吊车横向水平荷载（标准值）产生的最大水平弯矩：3.001

吊车最大轮压（kN），按每台吊车一侧的轮数排列：

77.475 77.475

吊车横向水平荷载（kN），按每台吊车一侧的轮数排列：

2.001 2.001

吊车轮距，按每台吊车一侧的轮数排列：

3.550

（2）梁绝对最大竖向、水平弯矩（设计值）计算：

绝对最大竖向弯矩：186.696

绝对最大水平弯矩（由横向水平制动力产生）：4.501

考虑其他荷载作用时绝对最大竖向弯矩设计值增大：0.000

考虑其他荷载作用时绝对最大水平弯矩设计值增大：0.000

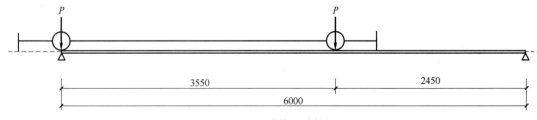

梁绝对最大剪力（设计值）计算简图（mm）

（3）梁绝对最大剪力（设计值）计算：
绝对最大剪力（标准值）：109.111
绝对最大剪力（设计值）：175.287
计算最大剪力对应的轮子序号（从左往右）：1
考虑其他荷载作用时绝对最大剪力设计值增大：0.000

2. 吊车梁上翼缘宽厚比计算

吊车梁上翼缘自由外伸宽度与其厚度的比值 $B_f/T_f=12.250 \leqslant [B_f/T_f]=12.380$

3. 吊车梁截面强度验算

（1）梁截面应力、局部挤压应力计算：

上翼缘最大应力 $\sigma u=134.051 \leqslant [\sigma u]=305$

下翼缘最大应力 $\sigma d=114.295 \leqslant [\sigma d]=305$

平板支座时的剪应力 $\tau=53.874 \leqslant [\tau]=175$

突缘支座时的剪应力 $\tau 1=60.653 \leqslant [\tau 1]=175$

吊车最大轮压作用下的局部挤压应力 $\sigma c=53.802 \leqslant [\sigma c]=305$

吊车横向荷载作用下的制动梁（或桁架）边梁的应力 $\sigma=0.000 \leqslant [\sigma]=305$

（2）无制动结构的吊车梁整体稳定计算：

吊车梁对于 x 轴的毛截面抵抗矩（m³）：0.00230421

吊车梁对于 y 轴的毛截面抵抗矩（m³）：0.00018

整体稳定系数：0.749

整体稳定应力 $\sigma stab=133.160 \leqslant [\sigma stab]=305$

4. 吊车梁疲劳计算

注：（1）吊车荷载按起重量最大的一台吊车确定，采用标准值。

（2）采用循环次数为 200 万次的容许应力幅（N/mm²）。

用于疲劳计算的绝对最大竖向弯矩：116.213

用于疲劳计算的绝对最大竖向剪力：109.111

板厚修正系数 γ_t：1.000

按《钢结构设计标准》GB 50017 第 16.2.1 条验算：

上翼缘与腹板连接处腹板的疲劳应力（连接类别 2）$\Delta\sigma=17.657 \leqslant \gamma_t[\Delta\sigma]=70.0$

下翼缘与腹板连接处腹板的疲劳应力（正应力连接类别 4）$\Delta\sigma=21.316 \leqslant \gamma_t[\Delta\sigma]=46.0$

下翼缘与腹板连接处角焊缝的疲劳应力（剪应力连接类别 8）$\Delta\tau=8.674 \leqslant [\Delta\tau]=16$

下翼缘往上 50mm 处腹板的疲劳应力（连接类别 4）$\Delta\sigma=19.315 \leqslant \gamma_t[\Delta\sigma]=46.0$

按《钢结构设计标准》GB 50017 第 16.2.1 条，计算满足。

5. 梁竖向挠度计算

注：吊车荷载按起重量最大的一台吊车确定，采用标准值。

最大一台吊车竖向荷载标准值作用下的最大弯矩：118.537

考虑其他荷载作用时绝对最大竖向弯矩标准值增大：0.000

吊车梁最大挠度（mm）：3.369

挠跨比 Vt/L＝1/1780.772≤1/900

6. 连接焊缝验算

（1）突缘式支座端板和角焊缝计算（mm）：

支座端板的宽度：200.000

支座端板的厚度：8.000

吊车梁下翼缘与腹板的角焊缝厚度：6.000

支座端板与吊车梁腹板的角焊缝厚度：6.000

（2）平板式支座加劲肋和角焊缝计算（mm）：

平板式支座加劲肋的宽度：120.000

平板式支座加劲肋的厚度：10.000

支座加劲肋与吊车梁腹板的角焊缝厚度：6.000

7. 其他计算结果

（1）梁截面加劲肋计算（mm）：

梁腹板高厚比 h0/tw：96.333

计算只需配横向加劲肋

横向加劲肋的最大容许间距（mm）：1150.000

横向加劲肋的宽度（mm）：90.000

横向加劲肋的厚度（mm）：6.000

计算结果：$(\sigma/\sigma cr)^2+(\tau/\tau cr)^2+(\sigma c/\sigma c,cr)=0.370 \leq 1$，横向加劲肋区格验算满足

（2）吊车梁总重量和刷油面积计算：

吊车梁总重量（包括加劲肋、端板等）（t）：0.489

刷油面积（m^2）：15.366

（3）吊车轮压传至柱牛腿的反力计算：

注：结果为标准值，单位 kN，用于计算排架。

吊车最大轮压传至柱牛腿的反力：109.111

吊车最小轮压传至柱牛腿的反力：40.744

吊车横向荷载传至两侧柱上的总水平力：5.635

最大的一台吊车桥架重量 WT：163.777

WT＝吊车总重－额定起重量(硬钩吊车－0.7×额定起重量)

产生最大反力时压在支座上的轮子的序号：1

（4）吊车梁与柱的连接计算：

注：摩擦型高强度螺栓（d＝20，10.9级），钢丝刷除锈表面处理。

吊车横向荷载产生的最大水平剪力标准值：2.818

吊车横向荷载产生的最大水平剪力设计值：4.438

吊车梁与柱的连接需要高强度螺栓个数：1

最大水平剪力设计值增大：0.000

（三）设计结论

设计满足。

10.2 其他软件或设计小软件

计算吊车梁还可选用 3D3S 等其他软件，此处不再赘述。

10.3 优化分析思考题

(1) 吊车梁上翼缘宽厚比超限应如何调整？
答：增加上翼缘厚度或减小上翼缘宽度。
(2) 梁上翼缘、下翼缘最大应力超限应如何调整？
答：增加吊车梁高度或增大上、下翼缘面积。
(3) 无制动结构的吊车梁整体稳定超限应如何调整？
答：增加翼缘宽度。
(4) 梁竖向挠度超限应如何调整？
答：增加吊车梁高度。
(5) 吊车梁高最小能做到多少？
答：满足挠度、强度、稳定性即可，无需太大。
(6) 上翼缘、下翼缘最小宽度有何要求？
答：满足强度、稳定性要求，且上下翼缘宽度还需要满足轨道的安装要求。

10.4 图集构造

(1)《钢吊车梁（6m～9m，Q235）》20G520-1；
(2)《钢吊车梁（6m～9m，Q355）》20G520-2；
(3)《12m 实腹式钢吊车梁　轻级工作制（A1～A3）　Q235 钢》05G514-1；
(4)《12m 实腹式钢吊车梁　中级工作制（A4～A5）　Q235 钢》05G514-2；
(5)《12m 实腹式钢吊车梁　中级工作制（A4～A5）　Q345 钢》05G514-3；
(6)《12m 实腹式钢吊车梁　重级工作制（A6～A7）　Q345 钢》05G514-4；
(7)《吊车轨道联结及车挡（适用于钢吊车梁）》05G525；
(8)《钢吊车梁（H 型钢　工作级别 A1～A5）》08SG520-3；
(9)《吊车梁走道板》17G337。

10.5 规范条文链接

规范条文链接如图 10-9 所示。
现行国家标准《建筑结构荷载规范》GB 50009：
6.1.1　吊车竖向荷载标准值，应采用吊车的最大轮压或最小轮压。
6.1.2　吊车纵向和横向水平荷载，应按下列规定采用：
1　吊车纵向水平荷载标准值，应按作用在一边轨道上所有刹车轮的最大轮压之和的

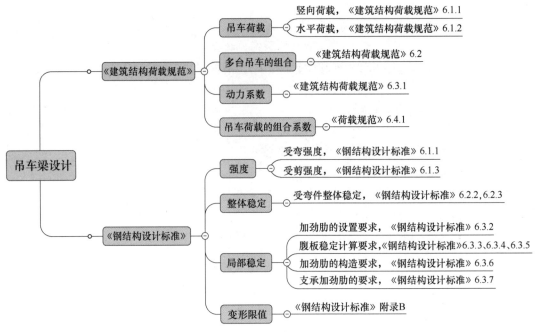

图 10-9 规范条文链接

10%采用；该项荷载的作用点位于刹车轮与轨道的接触点，其方向与轨道方向一致。

2 吊车横向水平荷载标准值，应取横行小车重量与额定起重量之和的百分数，并应乘以重力加速度，吊车横向水平荷载标准值的百分数应按表6.1.2采用。

3 吊车横向水平荷载应等分于桥架的两端，分别由轨道上的车轮平均传至轨道，其方向与轨道垂直，并应考虑正反两个方向的刹车情况。

注：1 悬挂吊车的水平荷载应由支撑系统承受；设计该支撑系统时，尚应考虑风荷载与悬挂吊车水平荷载的组合；

2 手动吊车及电动葫芦可不考虑水平荷载。

表 6.1.2 吊车横向水平荷载标准值的百分数

吊车类型	额定超重量(t)	百分数(%)
软钩吊车	≤10	12
	16～50	10
	≥75	8
硬钩吊车	—	20

6.2.1 计算排架考虑多台吊车竖向荷载时，对单层吊车的单跨厂房的每个排架，参与组合的吊车台数不宜多于2台；对单层吊车的多跨厂房的每个排架，不宜多于4台；对双层吊车的单跨厂房宜按上层和下层吊车分别不多于2台进行组合；对双层吊车的多跨厂房宜按上层和下层吊车分别不多于4台进行组合，且当下层吊车满载时，上层吊车应按空载计算；上层吊车满载时，下层吊车不应计入。考虑多台吊车水平荷载时，对单跨或多跨厂房的每个排架，参与组合的吊车台数不应多于2台。

注：当情况特殊时，应按实际情况考虑。

6.3.1 当计算吊车梁及其连接的承载力时,吊车竖向荷载应乘以动力系数。对悬挂吊车(包括电动葫芦)及工作级别 A1~A5 的软钩吊车,动力系数可取 1.05;对工作级别为 A6~A8 的软钩吊车、硬钩吊车和其他特种吊车,动力系数可取为 1.1。

6.4.1 吊车荷载的组合值系数、频遇值系数及准永久值系数可按表 6.4.1 中的规定采用。

表 6.4.1 吊车荷载的组合值系数、频遇值系数及准永久值系数

吊车工作级别		组合值系数 ψ_c	频遇值系数 ψ_f	准永久值系数 ψ_q
软钩吊车	工作级别 A1~A3	0.70	0.60	0.50
	工作级别 A4、A5	0.70	0.70	0.60
	工作级别 A6、A7	0.70	0.70	0.70
硬钩吊车及工作级别 A8 的软钩吊车		0.95	0.95	0.95

现行国家标准《钢结构设计标准》GB 50017:

6.1.1 在主平面内受弯的实腹式构件,其受弯强度应按下式计算:

$$\frac{M_x}{\gamma_x W_{nx}} + \frac{M_y}{\gamma_y W_{ny}} \leqslant f \tag{6.1.1}$$

式中 M_x、M_y——同一截面处绕 x 轴和 y 轴的弯矩设计值(N·mm);

W_{nx}、W_{ny}——对 x 轴和 y 轴的净截面模量,当截面板件宽厚比等级为 S1 级、S2 级、S3 级或 S4 级时,应取全截面模量,当截面板件宽厚比等级为 S5 级时,应取有效截面模量,均匀受压翼缘有效外伸宽度可取 $15\varepsilon_k$,腹板有效截面可按本标准第 8.4.2 条的规定采用(mm³);

γ_x、γ_y——对主轴 x、y 的截面塑性发展系数,应按本标准第 6.1.2 条的规定取值;

f——钢材的抗弯强度设计值(N/mm²)。

注:ε_k 为钢号修正系数,其值为 235 与钢材牌号中屈服点数值的比值的平方根。

6.1.2 截面塑性发展系数应按下列规定取值:

1 对工字形和箱形截面,当截面板件宽厚比等级为 S4 或 S5 级时,截面塑性发展系数应取为 1.0,当截面板件宽厚比等级为 S1 级、S2 级及 S3 级时,截面塑性发展系数应按下列规定取值:

1)工字形截面(x 轴为强轴,y 轴为弱轴):$\gamma_x=1.05$,$\gamma_y=1.20$;

2)箱形截面:$\gamma_x=\gamma_y=1.05$。

2 其他截面的塑性发展系数可按本标准表 8.1.1 采用。

3 对需要计算疲劳的梁,宜取 $\gamma_x=\gamma_y=1.0$。

6.2.3 除本标准第 6.2.1 条所指情况外,在两个主平面受弯的 H 型钢截面或工字形截面构件,其整体稳定性应按下式计算:

$$\frac{M_x}{\varphi_b W_x f} + \frac{M_y f}{\gamma_y W_y f} \leqslant 1.0 \tag{6.2.3}$$

式中 W_y——按受压最大纤维确定的对 y 轴的毛截面模量;

φ_b——绕强轴弯曲所确定的梁整体稳定系数,应按本标准附录 C 计算。

6.3.2 焊接截面梁腹板配置加劲肋应符合下列规定:

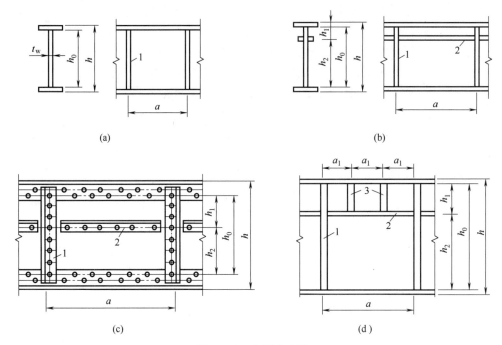

图 6.3.2 加劲肋布置
1—横向加劲肋；2—纵向加劲肋；3—短加劲肋

1 当 $h_0/t_w \leqslant 80\varepsilon_k$ 时，对有局部压应力的梁，宜按构造配置横向加劲肋；当局部压应力较小时，可不配置加劲肋。

2 直接承受动力荷载的吊车梁及类似构件，应按下列规定配置加劲肋（图 6.3.2）：

1) 当 $h_0/t_w > 80\varepsilon_k$ 时，应配置横向加劲肋；

2) 当受压翼缘扭转受到约束且 $h_0/t_w > 170\varepsilon_k$、受压翼缘扭转未受到约束且 $h_0/t_w > 150\varepsilon_k$，或按计算需要时，应在弯曲应力较大区格的受压区增加配置纵向加劲肋。局部压应力很大的梁，必要时尚宜在受压区配置短加劲肋；对单轴对称梁，当确定是否要配置纵向加劲肋时，h_0 应取腹板受压区高度 h_c 的 2 倍。

3 不考虑腹板屈曲后强度时，当 $h_0/t_w > 80\varepsilon_k$ 时，宜配置横向加劲肋。

4 h_0/t_w 不宜超过 250。

5 梁的支座处和上翼缘受有较大固定集中荷载处，宜设置支承加劲肋。

6 腹板的计算高度 h_0 应按下列规定采用：对轧制型钢梁，为腹板与上、下翼缘相接处两内弧起点间的距离；对焊接截面梁，为腹板高度；对高强度螺栓连接（或铆接）梁，为上、下翼缘与腹板连接的高强度螺栓（或铆钉）线间最近距离（图 6.3.2）。

现行国家标准《钢结构设计标准》GB 50017 第 6.3.3～6.3.5 条；对采用各种加劲肋进行加强后的腹板区格的局部稳定性计算作了专门规定，此处不再赘述。

6.3.6 加劲肋的设置应符合下列规定：

1 加劲肋宜在腹板两侧成对配置，也可单侧配置，但支承加劲肋、重级工作制吊车梁的加劲肋不应单侧配置。

2 横向加劲肋的最小间距应为 $0.5h_0$，除无局部压应力的梁，当 $h_0/t_w \leqslant 100$ 时，最

大间距可采用 $2.5h_0$ 外，最大间距应为 $2h_0$。纵向加劲肋至腹板计算高度受压边缘的距离应为 $h_c/2.5 \sim h_c/2$。

3 在腹板两侧成对配置的钢板横向加劲肋，其截面尺寸应符合下列公式规定：

外伸宽度：
$$b_s \geq \frac{h_0}{30} + 40 (\text{mm}) \qquad (6.3.6\text{-}1)$$

厚度：承压加劲肋 $t_s \geq \dfrac{b_s}{15}$，不受力加劲肋 $t_s \geq \dfrac{b_s}{19}$ （6.3.6-2）

4 在腹板一侧配置的横向加劲肋，其外伸宽度应大于按式（6.3.6-1）算得的1.2倍，厚度应符合式（6.3.6-2）的规定。

5 在同时采用横向加劲肋和纵向加劲肋加强的腹板中，横向加劲肋的截面尺寸除符合本条第1款～第4款规定外，其截面惯性矩 I_z 尚应符合下式要求：

$$I_z \geq 3h_0 t_w^3 \qquad (6.3.6\text{-}3)$$

纵向加劲肋的截面惯性矩 I_y，应符合下列公式要求：

当 $a/h_0 \leq 0.85$ 时：

$$I_y \geq 3h_0 t_w^3 \qquad (6.3.6\text{-}4)$$

当 $a/h_0 > 0.85$ 时：

$$I_y \geq \left(2.5 - 0.45\frac{a}{h_0}\right)\left(\frac{a}{h_0}\right)^2 h_0 t_w^3 \qquad (6.3.6\text{-}5)$$

6.3.7 梁的支承加劲肋应符合下列规定：

1 应按承受梁支座反力或固定集中荷载的轴心受压构件计算其在腹板平面外的稳定性；此受压构件的截面应包括加劲肋和加劲肋每侧 $15h_w\varepsilon_k$ 范围内的腹板面积，计算长度取 h_0；

2 当梁支承加劲肋的端部为刨平顶紧时，应按其所承受的支座反力或固定集中荷载计算其端面承压应力；突缘支座的突缘加劲肋的伸出长度不得大于其厚度的2倍；当端部为焊接时，应按传力情况计算其焊缝应力；

3 支承加劲肋与腹板的连接焊缝，应按传力需要进行计算。

16.3.2 需要验算疲劳的吊车梁、吊车桁架及类似结构应符合下列规定：

6 吊车梁横向加劲肋宽度不宜小于90mm。在支座处的横向加劲肋应在腹板两侧成对设置，并与梁上下翼缘刨平顶紧。中间横向加劲肋的上端应与梁上翼缘刨平顶紧，在重级工作制吊车梁中，中间横向加劲肋亦应在腹板两侧成对布置，而中、轻级工作制吊车梁则可单侧设置或两侧错开设置。在焊接吊车梁中，横向加劲肋（含短加劲肋）不得与受拉翼缘相焊，但可与受压翼缘焊接。端部支承加劲肋可与梁上下翼缘相焊，中间横向加劲肋的下端宜在距受拉下翼缘50mm～100mm处断开，其与腹板的连接焊缝不宜在肋下端起落弧。当吊车梁受拉翼缘（或吊车桁架下弦）与支撑连接时，不宜采用焊接。

11 吊车梁的受拉翼缘（或吊车桁架的受拉弦杆）上不得焊接悬挂设备的零件，并不宜在该处打火或焊接夹具。

10.6 绘图软件

采用TSSD绘制施工图，轴网绘制、轴网标注、插入钢柱与前面相同。

10.7 设计理论

10.7.1 吊车梁系列构件的组成与分类

（1）吊车梁系列构件除吊车梁外，尚包括制动结构、辅助桁架及支撑等，其组成如图 10-10 所示。

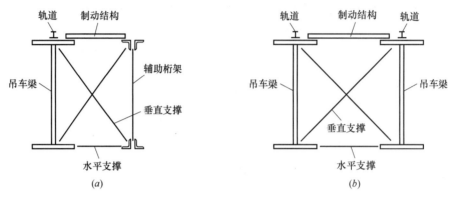

图 10-10 吊车梁系列构件组成示意图
(a) 边列吊车梁；(b) 中列吊车梁

（2）吊车梁按结构支承条件的不同可分为简支梁、连续梁及框架梁等。简支梁设计、施工简便，工程中应用较多。连续梁竖向刚度较好，较简支梁省钢材，但对支座沉降和梁上部疲劳敏感，工程中较少应用。框架梁系将吊车梁与柱在纵向组成单跨或多跨刚架承受吊车荷载，由于计算、构造及受力情况复杂且用钢量大，仅当柱列上无法设置柱间支撑时才考虑采用。

吊车梁（桁架）按连接构造可分为焊接梁、栓-焊梁与铆接梁等。焊接梁制作方便，使用可靠，由于钢材质量水平与焊接技术的不断提高，现已几乎成为吊车梁的唯一选型。栓-焊梁结构一般适用于吊车桁架，其所有构件均为型钢截面或焊接组合截面，而节点连接则宜采用高强度螺栓，虽因用钢量较少，早期也有过应用大跨度中级吊车桁架的先例，但因施工复杂，节点连接对疲劳敏感等原因，工程中已很少应用。铆接梁则因其制作复杂，耗钢量大（约比焊接梁多 25%～30%），早已被淘汰不再应用。

吊车梁按截面形式的类别又可分为型钢梁、组合工字形梁、箱形梁和吊车桁架等，早期曾采用过的各类截面如图 10-11 所示。其中除铆接梁早已被淘汰不再应用外，工字钢梁现已被热轧 H 型钢梁替代，原工字钢（均为窄翼缘）加盖板和与角钢组合截面因费工费料及耐疲劳性能差也早已不再应用。

（3）使用情况表明，由于吊车轮压偏心引起附加扭转等原因，焊接工字形吊车梁腹板与上翼缘焊接区常易于疲劳裂损。为了改善该部位的受力状态，国内某船厂曾采用了跨度 24m，吊车为起重量 75/20t 中级制吊车的受压区加强的 Y 形梁，国外亦有资料介绍将梁腹板增厚的加强截面梁，其截面如图 10-12 所示。

（4）根据工程应用经验，各类吊车梁（桁架）的特点及适用范围见表 10-1。

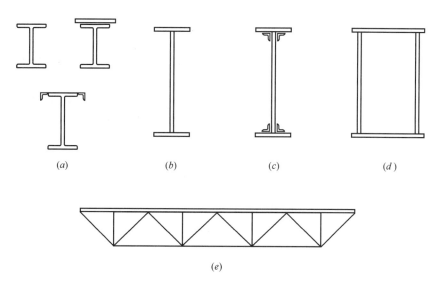

图 10-11 吊车梁（桁架）的各种截面形式
（a）型钢梁；（b）焊接工字形；（c）铆接工字形；（d）焊接箱形梁；（e）吊车桁架

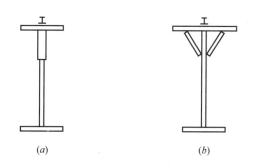

图 10-12 抗偏扭性能较好的梁截面形式
（a）腹板上部加厚梁；（b）Y形梁

吊车梁（桁架）的特点及适用范围　　　　　　　　　　　　表 10-1

类型	特点及使用范围
型钢梁	直接利用热轧 H 型钢制成，制作简便，但耗钢量稍高。一般适用于梁跨度 $L{\leqslant}9m$，吊车起重量 $Q{\leqslant}20t$ 的情况
吊车桁架	由型钢或组合工字形梁作为劲性上弦的桁架，较实腹梁用钢省（省 15%～20%），但制作较费工，且节点连接对疲劳敏感。适用于跨度 $L{\geqslant}18m$，且轻、中级制吊车起重量 $Q{\leqslant}30t$ 的情况。国内较早已有 36m 跨度栓焊吊车桁架的应用先例（用于起重量 $Q=75t$ 中级吊车）
焊接组合工字形梁	焊接工字形梁承载性能良好，工作可靠，施工简便，且易于梁截面的优化，为目前最常用的选型。国内较早即有用于重级吊车起重量 $Q=440t$ 的 20m 跨度吊车梁，以及特重料耙硬钩吊车的 42m 跨度吊车梁应用实例
焊接箱形梁	由上、下盖板及两侧腹板组成的焊接封闭箱形截面梁，有较好整体刚度与抗扭刚度，但制作施工复杂。技术经济论证合理时，可用于跨度、荷载均较大的中列吊车梁，国内较早已有用于重级工作制吊车起重量 180t，跨度 48m 的吊车梁实例

10.7.2 实腹式焊接吊车梁的内力计算

(1) 简支梁在行动轮压作用下的最大竖向弯矩及最大剪力,应按可能排列于梁上的轮数、轮序及最不利位置进行计算。按结构力学分析方法可知,当梁上有2个及2个以上行动轮压作用时,轮子的排列应使所有梁上轮压的合力作用线与最近一个轮子间距离被梁中心线平分,则此轮所在位置即梁最大弯矩的截面位置;而最大剪力 V_{max} 即支座反力则可按梁反力影响线来求得。当梁上作用有2个、3个、4个轮时,梁最大竖向弯矩内力 M_{max} 及最大剪力 V_{max} 亦可见表10-2的算式计算。计算时宜先于梁上试排轮数及轮序,判断并选择最不利轮位的布置。连续梁的弯矩与剪力宜由计算机软件解析计算,对等截面等跨连续梁,其弯矩与剪力亦可采用影响线方法计算。

简支吊车梁最大竖向弯矩、剪力计算公式　　表 10-2

梁上轮数	最大弯矩 M_{max}		最大剪力 V_{max}	
	简图	算式	简图	算式
二轮	(图)	$a_0 = \dfrac{P_1 a_1}{\sum P}$ $M = \dfrac{\sum P(L-a_0)^2}{4L}$ $\sum P = P_1 + P_2$	($P_1 > P_2$) (图)	$V = P_1 + P_2\left(1 - \dfrac{a_1}{L}\right)$
三轮	(图)	$\sum P$ 合力作用线在梁中左侧 ($P_1 a_1 > P_2 a_2$) $a_0 = \dfrac{P_1 a_1 - P_2 a_2}{\sum P}$ $M = \dfrac{\sum P(L+a_0)^2}{4L} - P_1 a_1$ $\sum P = P_1 + 2P_2$	($P_1 > P_2$) (图)	$V = P_1 + P_2$ $\left[\dfrac{2(L-a_1) - a_2}{L}\right]$
	(图)	$\sum P$ 合力作用线在梁中右侧 ($P_1 a_1 < P_2 a_2$) $a_0 = \dfrac{P_2 a_2 - P_1 a_1}{\sum P}$ $M = \dfrac{\sum P(L-a_0)^2}{4L} - P_1 a_1$ $\sum P = P_1 + 2P_2$		

续表

梁上轮数	最大弯矩 M_{max}		最大剪力 V_{max}	
	简图	算式	简图	算式
四轮	(图：P_1, P_1, P_2, P_2，间距 a_1, a_3, a_2，ΣP 位于 o，$a_0/2$，$L/2$)	ΣP 合力作用线在梁中左侧 $P_2(a_2+a_3)>P_1(a_1+a_3)$ $a_0=\dfrac{P_1(a_1+2a_3)-P_2 a_2}{\Sigma P}$ $M=\dfrac{\Sigma P(L+a_0)^2}{4L}-P_1(a_1+2a_3)$ 或 $M=\dfrac{\Sigma P(L-a_0)^2}{4L}-P_2 a_2$ $\Sigma P=2(P_1+P_2)$		
	(图：P_1, P_1, P_2, P_2，间距 a_1, a_3, a_2，ΣP 位于 o，$a_0/2$，$L/2$)	ΣP 合力作用线在梁中右侧 $P_2(a_2+a_3)<P_1(a_1+a_3)$ $a_0=\dfrac{P_2(a_2+2a_3)-P_1 a_1}{\Sigma P}$ $M=\dfrac{\Sigma P(L-a_0)^2}{4L}-P_1 a_1$ $\Sigma P=2(P_1+P_2)$ 若 P_2 大于 P_1 很多，合力线进入两个 P_2 轮之间时，a_0 及 M 改为按下式计算： $a_0=\dfrac{P_2 a_2-P_1(a_1+2a_3)}{\Sigma P}$ $M=\dfrac{\Sigma P(L-a_0)^2}{4L}-P_1(a_1+2a_3)$	(图：P_1, P_1, P_2, P_2（$P_1>P_2$），V_0，L)	$V=P_1\left(2-\dfrac{a_1}{L}\right)+P_2\left[\dfrac{2(L-a_1-a_3)-a_2}{L}\right]$

（2）简支梁及制动结构在横向吊车制动力或摇摆力作用下的弯矩、剪力及内力的计算，应符合以下规定：

1) 当制动结构为制动板时，在横向吊车制动力或摇摆力作用下，其最大水平弯矩 M_{max} 和支座反力 V_{max} 可按在竖向轮压下梁最大弯矩和反力的相同轮位进行计算，应注意此时横向力应取吊车横向制动力与吊车摇摆力（仅重级工作制吊车考虑）二者中的大者。

2) 当制动结构为制动桁架时，如图 10-13 所示。

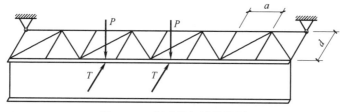

图 10-13 制动桁架计算简图

最大水平弯矩 M_{ymax} 应转换为吊车上翼缘（或制动桁架外弦）产生的附加轴力 N_T，并按下式计算：

$$N_{\mathrm{T}} = \frac{M_{\mathrm{ymax}}}{d}$$

式中 d——制动桁架弦杆中心线间距离。

3) 制动桁架在吊车横向水平力作用下，吊车梁上翼缘（即制动桁架弦杆）同时还产生节间局部弯矩 M_{y1}，可按下式近似计算：

对轻、中级工作制吊车的制动桁架：$M_{\mathrm{y1}} = \dfrac{Ta}{4}$

对重级工作制吊车的制动桁架：$M_{\mathrm{y1}} = \dfrac{Ta}{3}$

式中 a——制动桁架节间距离。

制动桁架腹杆内力计算可按横向力作用下桁架杆件影响线来求得，对中列制动桁架还应考虑相邻跨吊车水平力同时作用的不利组合。

10.7.3 吊车梁的截面选择

（1）吊车梁（桁架）的截面形式应综合考虑吊车工作级别、梁的跨度、使用条件对梁承载性能和耐疲劳性能要求，以及经济造价等因素进行优化比选。实腹梁一般应优先选用焊接工字形截面梁或热轧宽翼缘 H 型钢梁，跨度与荷载较大时，可采用上翼缘加厚（宽）的不对称截面梁，或沿梁跨度方向楔形腹板渐变高度截面梁，梁中段腹板减薄或梁腹板上部加厚的变截面梁。当有技术经济依据时也可采用箱形梁；当为中等跨度且作用荷载为轻级或起重量不大于 30t 的中级吊车时，可选用刚性上弦的吊车桁架。各类吊车梁（桁架）适用的截面形式可按表 10-3 选用。

吊车梁（桁架）截面形式的选用　　　　　　表 10-3

吊车级别	吊车起重量(t)	吊车梁跨度(m)	吊车梁（桁架）截面形式	相匹配构件	说明
轻级、中级（A1～A5）	≤20	≤9	热轧 H 型钢梁 焊接工字形梁	必要时制动桁架及辅助梁	1. 跨度与荷载较大时，焊接工字形宜选用变截面梁；2. 热轧 H 型钢应选用宽（中）翼缘 H 型钢
	≤30	9≤L≤24	焊接工字形梁 栓-焊刚性上弦桁架	制动桁架 辅助桁架	
	>30	>24	焊接工字形梁 焊接箱形梁	制动桁架 辅助桁架	
重级（A6～A8）	不限	>9	焊接工字形梁或焊接箱形梁	制动板或桁架、辅助桁架跨度大时设置下翼缘水平支撑	

（2）按技术经济合理性的要求，吊车梁（桁架）一般宜以 12m 为梁的基本通用跨度（柱距），工艺要求局部梁大跨度（柱距）处，可按 18m、24m、30m、36m 等常用模数柱距布置大跨度梁（桁架）。

（3）吊车梁结构系列的次构件，应按框（排）架结构整体的承载与稳定性要求进行合理的布置，并符合下列要求：

1) 中级或重级吊车的吊车梁跨度大于 12m（含 12m）时，应在上翼缘部位布置水平制动桁架或制动板；边列吊车梁（桁架）跨度等于或大于 12m 时，或中列柱仅一侧有吊车梁时，宜设置相应的辅助桁架。

2) 当符合下列条件时，宜设置吊车梁（桁架）下翼缘水平支撑：
① 吊车桁架跨度大于或等于 12m 时；
② 吊车梁（桁架）下翼缘需设置水平支撑作为抗风桁架时。

3) 为防止对相邻梁的附加荷载影响，中列柱相邻梁间一般不宜设置垂直支撑，确有必要设置垂直支撑时，应设在距梁端 1/3 梁跨度范围内。

4) 吊车梁跨度（柱距）较大而屋架间距较小时，可不设置屋盖托架而在吊车梁或辅助桁架上加设上部短柱直接支承屋架，以优化结构的布置，其布置及连接节点如图 10-14 所示。

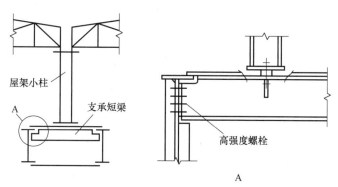

图 10-14　梁上小支柱的连接构造

5) 重级工作制吊车因维修需要，一般宜按工艺要求在其一侧吊车梁制动结构上布置检修安全通行走道，其通行净空宽度应不小于 400mm，并于适当位置布置由地面至吊车驾驶室和走道的走梯。

10.7.4　吊车梁的承载能力极限状态计算

吊车梁（桁架）的设计采用以概率论为基础的极限状态设计方法，按承载力极限状态进行强度、整体稳定、局部稳定等各项计算时，应符合以下规定：

（1）吊车梁（桁架）按同时承受竖向与水平荷载进行结构内力分析，此时可假定吊车梁上翼缘或桁架上弦与制动板（桁架）组成的制动结构承受水平荷载，对梁的上翼缘或桁架上弦应按双向弯曲应力计算。

（2）计算梁的正应力时，不应考虑塑性发展系数，即不考虑梁截面边缘屈服的效应，亦不应考虑利用梁腹板屈曲后强度的计算。

（3）梁腹板或桁架刚性上弦腹板的上边缘处应按最大轮压作用验算局部承压强度；采用连续梁时其支座处截面同时受有较大正应力、剪应力和局部压应力，尚应再验算该处折算应力。

（4）梁腹板的局部稳定应由设置加劲肋予以保证，并按加劲肋划分的区格进行相关公式验算。加劲肋的截面应按构造要求或对其刚度要求计算确定。

（5）梁受压翼缘的局部稳定不必验算，但其截面必须严格遵守外伸宽度与厚度之比不得大于 $15\varepsilon_k$ 的规定。

（6）吊车梁受压翼缘平面内设有制动结构时，可不必进行梁整体稳定的计算，否则应按梁整体稳定承载力公式进行临界弯矩的验算。

(7) 吊车轮压较大时，应验算腹板上边缘的局部压应力，此时，对重级工作吊车梁其轮压值尚应乘以 1.35 的增大系数。

(8) 计算各类连接时，宜留有一定的裕度。特别是重级工作梁端上翼缘与柱的连接极易疲劳损伤，计算时，其作用力应按吊车摇摆横向力或横向制动力二者中较大者取值。在有柱间支撑的柱距内，吊车梁下翼缘与柱的纵向水平连接应能可靠地传递本柱列在吊车梁以上的纵向水平力。

10.7.5 吊车梁的正常使用极限状态计算

梁（桁架）与制动结构按正常使用极限状态进行的竖向和水平挠度计算时，其荷载作用与挠度容许限值应符合以下规定：

(1) 计算吊车梁（桁架）的竖向挠度与制动结构的水平挠度时，其荷载作用应符合《钢结构设计手册》11.3.3 节的规定。此时所有荷载均采用标准值，吊车的轮压不乘动力系数。

(2) 吊车梁（桁架）的竖向挠度和制动结构的水平挠度不应超过下列限值：

1) 在两台最大吊车的轮压（不计动力系数）、吊车结构自重及其他活荷载等全部竖向荷载的标准值作用下，所产生的吊车梁（桁架）的竖向挠度（当梁或桁架有预起拱时，计算挠度应扣除预拱值），不应超过下列限值：

手动吊车、单梁吊车（包括悬挂吊车）：$L/500$

轻级工作制桥式吊车（A1～A3 级）：$L/750$

中级工作制桥式吊车（A4、A5 级）：$L/900$

重级工作制吊车（A6～A8 级）：$L/1000$

单轨吊车：$L/400$

L 为吊车梁（桁架）跨度。

2) 设有重级工作制（A6～A8 级）吊车的厂房中，其跨间每侧吊车梁（桁架）的制动结构在一台最大重级吊车横向制动力（标准值，不考虑动力荷载）作用下，产生的水平挠度不宜超过制动结构跨度的 1/2200。

3) 设有上梁和下梁的壁行吊车梁结构，当工艺无要求时，按两台吊车作用标准值所计算的挠度不宜超过下述限值：

下梁竖向挠度：$L/1200 \sim L/1000$

上梁及下梁水平挠度：$L/1200 \sim L/1000$

上梁、下梁间相对竖向挠度：3～5mm

L 为吊车梁跨度，对小跨度梁宜用较严限值。

10.8 吊车梁（桁架）的一般构造要求

(1) 焊接工字形吊车梁宜采用上翼缘加宽的不对称截面构造，翼缘板应采用一层钢板，大跨度梁宜采用变腹板高度或厚度，或变翼缘宽度的变截面构造。变腹板高度时，宜采用腹板渐变梁高构造。

吊车桁架的刚性上弦应选用热轧宽（中）翼缘 H 型钢或焊接 H 型钢，不应选用热轧工字钢。

(2) 重级工作制吊车梁受拉翼缘或吊车桁架下弦边缘，宜为轧制边或自动切割边，当用手工切割或剪切机切割时，应沿全长刨边修整。同时梁受拉翼缘或吊车桁架下弦上，不得焊接悬挂设备的零件，并不应在该处打火或焊接夹具。

(3) 用于高温区的吊车梁，其表面温度长期在 150℃ 以上或短时间可能受火焰直接作用时，应采用有效的隔热措施予以保护，在隔热装置与梁之间应留有一定空气对流与安装空间。

(4) 梁上吊车轨道及其连接的选型与设置应符合下列要求：

1) 轨道应尽量选用 QU 系列规格的长尺专用吊车轨道，其连接构造应保证车轮平稳通过。轨道接缝应设在靠近梁端处并选用企口对缝轨面无落差的构造。必要时，重级吊车可采用焊接无缝长轨，其施焊与质量要求应符合现行国家标准《钢轨焊接》TB/T 1632.1、2 的规定。

2) 吊车轨道与梁的连接应按国家标准图集选用紧固性能良好的专用压轨器扣实紧固，不得选用弯钩螺栓或直接焊接的连接方法。

(5) 梁的工地全截面拼接一般采用翼缘板焊透对接焊，腹板采用摩擦型高强度螺栓连接的构造，因其翼缘、腹板均在同一截面拼接，故拼接位置宜尽量设在弯矩较小处。下翼缘拼接板、腹板拼接板的截面及其相应的连接应按能分别承受拼接处梁翼缘板、腹板的最大内力来考虑。

10.9 吊车梁（桁架）焊接连接的一般规定

(1) 设计中应合理布置焊缝，避免短粗焊缝和焊缝密集交汇，以及双向、三向相交。焊缝的布置宜对称于构件截面的中性轴，并尽量避免或减少连接传力的偏心，同时，焊缝位置应避开高应力区。焊接连接设计应充分考虑便于施焊操作，应避免采用现场仰焊和尽量减少现场高空焊接。节点施焊区应有一定的施焊空间，便于焊接操作和焊后检测。

在设计文件中不应有"所有焊缝一律满焊"的表述。

(2) 承受动载的构件不得采用断续角焊缝和焊脚尺寸小于 5mm 的角焊缝；需疲劳计算的吊车梁（桁架）焊接连接中，严禁使用塞焊、槽焊、电渣焊和气电立焊接头。同时，需疲劳验算的接头，当拉应力与焊缝轴线垂直时，严禁采用部分焊透对接焊缝和背面不清根的无衬板焊缝；在疲劳敏感区应避免有焊接起弧或灭弧点，搭接焊围焊处拐角点应采用连续绕焊，杆件端应采用回焊。

(3) 重级工作制（A6~A8 级）和起重量 50t 的中级工作制（A4、A5 级）吊车梁的腹板与上翼缘之间，以及吊车桁架上弦杆与节点板之间的 T 形连接部位的焊缝，是易于疲劳损伤的连接部位，应采用全焊透的对接与角接组合坡口焊缝并以角焊缝加强。加强焊脚尺寸不应小于接头较薄件厚度的 1/2，但最大值不得超过 10mm；其焊缝的形式如图 10-15 所示。

吊车梁下翼缘与腹板的连接一般应采用自动焊的角焊缝。

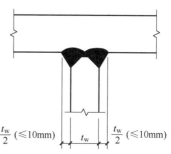

图 10-15 焊透的 T 形接头对接与角接组合焊缝

（4）不需要进行疲劳计算的吊车梁（桁架）采用塞焊、槽焊、角焊和对接接头时，孔或槽的边缘到构件边缘在垂直于应力方向上的间距不应小于此构件厚度的 5 倍，且不应小于孔或槽宽度的 2 倍；图 10-16 所示构件端部搭接接头的纵向角焊缝长度 L 不应小于两侧焊缝间的垂直间距 a 且在无塞焊、槽焊等其他措施时，间距 a 不应大于较薄焊件厚度 t 的 16 倍。

（5）由于对不规则外形的疲劳敏感及铺设轨道等要求，凡对接焊缝引弧板切割处、翼缘板对接焊缝表面以及重级工作制吊车梁腹板受拉区对接焊缝表面均应用机械加工（砂轮打磨或刨削），使之平整。

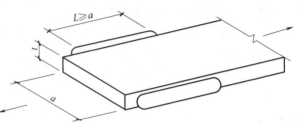

图 10-16　构件端部搭接接头焊接

（6）吊车梁（桁架）的焊缝质量检验标准及间距要求应符合现行国家标准《钢结构焊接规范》GB 50661 第 8.3 节"需疲劳验算结构的焊缝质量检验"的规定。梁各部位的焊缝等级应符合以下规定，工程设计时，在设计文件中应明确说明各类焊缝的质量等级要求。

1）作用力垂直于焊缝长度方向的熔透等强横向对接焊缝，或熔透等强 T 形对接与角接组合焊缝受拉时应为一级，受压时不应低于二级。

2）作用力平行于焊缝长度方向的熔透等强纵向对接焊缝不应低于二级。

3）重级工作制（A6～A8 级）和起重量 50t 的中级工作制（A4、A5 级）吊车梁的腹板与上翼缘之间，以及吊车桁架上弦杆与节点板之间的 T 形连接部位的焊缝应焊透，其质量等级不应低于二级。

4）吊车梁下翼缘与腹板自动焊的角焊缝，其焊缝外观检查质量应不低于二级标准。

5）不需疲劳验算的吊车梁中要求与母材熔透等强的对接焊缝，其质量等级受拉时不应低于二级，受压时不宜低于二级。

6）部分焊透的对接焊缝、采用角焊缝或部分焊透的对接与角接组合焊缝的 T 形连接部位以及搭接连接的角焊缝，其质量等级对需要计算疲劳的吊车梁和起重量等于或大于 50t 的中级工作制吊车梁以及与梁柱和牛腿连接等的重要节点不应低于外观检查二级，对其他结构可为三级。

（7）吊车梁腹板与翼缘板的焊接拼接应符合以下规定：

1）吊车梁翼缘板或腹板的焊接拼接应采用加引弧板（其材质、厚度和坡口应与主材相同）的焊透对接焊缝，引弧板和引出板割去处应予打磨平整。不同板厚的对接接头处应按 1：2.5 的斜度局部加工，做成平缓过渡的接口。

2）板件拼接缝的位置应设在其受力较小处。当腹板需纵、横向拼接时，焊缝交叉可采用丁字接缝或十字接缝。对 T 形接缝，其相邻交叉点间的距离不得小于 200mm。腹板的纵向拼接缝宜尽量设置在靠近受压区。

3）沿梁长度上、下翼缘与腹板的工厂拼接头，不应设在同一截面上，其错开间距宜大于 200mm。同时，腹板横向拼接焊缝与横向加劲肋之间的距离大于或等于 $10t_w$（t_w 是腹板厚度），当拼接焊缝与加劲肋相交时，加劲肋与腹板的连接角焊缝应中断，其端部与拼接焊缝的距离宜为 50mm。

10.10 其他注意事项

（1）焊接吊车梁的下列部位，应用机械加工（砂轮打磨或刨铲）使之平缓：
1）对接焊缝引弧板和引出板切割处；
2）重级工作制吊车梁的受拉翼缘板、腹板对接焊缝的表面；
3）重级工作制吊车梁的受拉翼缘边缘，宜采用自动精密气割，当用手工气割或剪切机切割时，应沿全长刨边。

（2）吊车梁的受拉翼缘上不得任意焊接悬挂设备零件，也不允许在该处打火或焊接夹具。当吊车梁受拉翼缘与支撑相连时，不宜采用焊接。

（3）重级工作制（A6~A8级）吊车梁中，上翼缘与柱或制动桁架传递水平力的连接宜采用高强度螺栓的摩擦型连接，而上翼缘与制动梁连接，可采用高强度螺栓摩擦型连接或焊缝连接。

（4）横向加劲肋下端点的焊缝应采用连续的围焊或回焊，以免在端部有起弧、灭弧而损伤母材。对于重级工作制吊车梁，其加劲肋端部常为疲劳所控制，因此要求回焊长度不小于 4 倍角焊缝的厚度。

（5）吊车梁端部与柱的连接构造应设法减少由于吊车弯曲变形而在连接处产生的附加应力。

（6）跨度≥24m 的吊车梁宜考虑起拱，拱度约为跨度的 1/1000。

11 钢结构防护

钢结构最大的缺点是易于锈蚀和耐火能力差。钢材的腐蚀是自发的、不可避免的过程，但却是可以控制的；在发生火灾时钢结构在高温作用下会很快失效倒塌，耐火极限通常仅15min，所以钢结构工程必须进行防护设计。

钢结构的防护是结构设计、施工、使用中必须重视的问题，它关系到钢结构的耐久性、维护费用、使用性能等多方面的内容。

11.1 一般规定

《门规》：

12.1.1 门式刚架轻型房屋钢结构应进行防火与防腐设计。钢结构防腐设计应按结构构件的重要性、大气环境侵蚀性分类和防护层设计使用年限确定合理的防腐涂装设计方案。

12.1.2 钢结构防护层设计使用年限不应低于5年；使用中难以维护的钢结构构件，防护层设计使用年限不应低于10年。

12.1.3 钢结构设计文件中应注明钢结构定期检查和维护要求。

11.2 钢结构的防火设计概述

目前，钢结构已在建筑工程中发挥着日益重要的作用，钢结构以其自身的优越性能，已经在工程中得到合理、广泛的应用，可以预想，在可预见的将来，钢结构在建筑工程中的应用将会越来越广泛。

钢材的力学性能随温度的不同而变化，当温度升高时，钢材的屈服强度、抗拉强度和弹性模量总趋势是下降的，但是在150℃以下时，变化不大，当温度在250℃左右时，钢材的屈服强度、抗拉强度反而有较大提高，但是这时的相应伸长率较低、冲击韧性变差，钢材在此温度范围内破坏时常呈现脆性破坏特征，称为"蓝脆"。当温度超过300℃时，钢材的屈服强度、抗拉强度和弹性模量开始显著下降，而伸长率开始显著增大，钢材产生徐变；当温度超过400℃时，强度和弹性模量都急剧降低；到500℃左右时，其强度下降40%~50%，钢材的力学性能，诸如屈服点、抗压强度、弹性模量等都迅速下降。所以在发生火灾时，钢材在15~20min后即急剧软化，这时整个建筑物会失去稳定而导致崩溃。实际上，由于各种因素的作用，有些钢结构在烈火中一般只有10min的支撑能力，随即变形倒塌。

钢结构的抗火性能较差，其原因主要有两个方面：一是钢材热传导系数很大，火灾下钢构件升温快；二是钢材强度随温度升高而迅速降低，致使钢结构不能承受外部荷载作用而失效破坏。无防火保护的钢结构的耐火时间通常仅为15~20min，故极易在火灾下破坏。一旦发生这种情况，将对整个建筑物造成灾难性的后果。正因为如此，对钢结构采取有效的保护，使其避免受高温火焰的直接灼烧，从而延缓其坍塌时间，为消防救援争取宝贵的时间就显得十分重要。

钢结构的防火保护有多种方法，这些方法有被动防火法，包括：钢结构防火涂料保护、防火板保护、混凝土防火保护、结构内通水冷却、柔性卷材防火保护等，它们为钢结构提供了足够的耐火时间，从而受到工程人员的普遍欢迎，而以前三种方法应用较多。另一种为主动防火法，就是提高钢材自身的防火性能（如耐火钢）或设置结构喷淋。

选择钢结构的防火措施时，应考虑下列因素：
(1) 钢结构所处部位，需防护的构件性质（如屋架、网架或梁、柱）；
(2) 钢结构采取防护措施后结构增加的重量及占用的空间；
(3) 防护材料的可靠性；
(4) 施工难易程度和经济性。

无论用混凝土还是用防火板保护钢结构，达到规定的防火要求需要相当厚的保护层，这样必然会增加构件质量和占用较多的室内空间，所以采用这两种方法也不合适。通常情况下，采用钢结构防火涂料较为合理。钢结构防火涂料施工简便，无须复杂的工具即可施工，重量轻、造价低，而且不受构件的几何形状和部位限制。

《门规》：

12.2.1 钢结构的防火设计、钢结构构件的耐火极限应符合现行国家标准《建筑设计防火规范》GB 50016 的规定，合理确定房屋的防火类别与防火等级。

12.2.2 防火涂料施工前，钢结构构件应按本规范第12.3节的规定进行除锈，并进行防锈底漆涂装。防火涂料应与底漆相容，并能结合良好。

12.2.3 应根据钢结构构件的耐火极限确定防火涂层的形式、性能及厚度等要求。

12.2.4 防火涂料的粘结强度、抗压强度应满足设计要求，检查方法应符合现行国家标准《建筑构件耐火试验方法》GB/T 9978 的规定。

12.2.5 采用板材外包防火构造时，钢结构构件应按本规范第12.3节的规定进行除锈，并进行底漆和面漆涂装保护；板材外包防火构造的耐火性能，应符合现行国家标准《建筑设计防火规范》GB 50016 的有关规定或通过试验确定。

12.2.6 当采用混凝土外包防火构造时，钢结构构件应进行除锈，不应涂装防锈漆；其混凝土外包厚度及构造要求应符合现行国家标准《建筑设计防火规范》GB 50016 的有关规定。

12.2.7 对于直接承受振动作用的钢结构构件，采用防火厚型涂层或外包构造时，应采取构造补强措施。

11.3 钢结构的防火涂料

11.3.1 防火涂料分类

1. 定义

施涂于建（构）筑物钢结构表面，能形成耐火隔热保护层以提高钢结构耐火极限的涂料。

2. 分类

(1) 按火灾防护对象——《钢结构防火涂料》GB 14907 第 4.1.1 条

1) 普通钢结构防火涂料：普通工业与民用建（构）筑物钢结构表面；

2) 特种钢结构防火涂料：特殊建（构）筑物（如石油化工设施、变配电站等）钢结构表面。

(2) 按使用场所——《钢结构防火涂料》GB 14907 第 4.1.2 条

1) 室内钢结构防火涂料：建筑物室内或隐蔽工程的钢结构表面；

2) 室外钢结构防火涂料：建筑物室外或露天工程的钢结构表面。

(3) 按分散介质——《钢结构防火涂料》GB 14907 第 4.1.3 条

1) 水基性钢结构防火涂料：以水作为分散介质的钢结构防火涂料；

2) 溶剂性钢结构防火涂料：以有机溶剂作为分散介质的钢结构防火涂料。

(4) 按防火机理——《钢结构防火涂料》GB 14907 第 4.1.4 条

1) 膨胀型钢结构防火涂料：涂层在高温时膨胀发泡，形成耐火隔热保护层。按分散介质可分为溶剂性和水基性；

2) 非膨胀型钢结构防火涂料：涂层在高温时不膨胀发泡，其自身成为耐火隔热保护层。按基料类型可分为水泥基和石膏基。

(5) 按涂层厚度——《钢结构防火涂料》GB 14907 第 5.1.5 条

注：按不同涂层厚度可分为超薄型、薄型、厚型三类防火涂料，其中超薄型与薄型属于膨胀型，厚型属于不膨胀型。

超薄型：1.5mm≤厚度≤3mm；

薄型：3mm＜厚度≤7mm；

厚型：15mm≤厚度≤45mm。

11.3.2 钢结构涂料防火机理

1. 膨胀型防火涂料

在大火中，涂料遇热后树脂胶粘剂熔化并快速发泡膨胀，形成具有耐火隔热和隔绝空气作用的碳化层。在这个过程中，活性颜料产生气体可使膨胀层膨胀到原始厚度的 50 倍以上，以达到耐火隔热的效果。膨胀层减缓从火焰中产生的热传递至钢材表面，从而延长钢铁承载重物的时间（升温时间）。最高耐火时限 2h（图 11-1）。

2. 非膨胀型防火涂料

依靠材料本身的低导热性、高隔热性和不燃燃性，阻隔热量传递、延缓钢材升温，从而保护钢构件的强度不丧失。最高耐火时限 4h 以上（图 11-2）。

3. 防火性能的理解

任何被保护的物体都有承受大火燃烧的极限值，无论什么样结构的建筑长时间遭受火灾，最终都会倒塌的。

防火涂料的作用是在被保护物体表面隔离热量，延缓建筑的破坏倒塌，为人员疏散和灭火、营救争取到宝贵的时间。

防火涂料也有它的耐火极限，超过耐火极限以后，涂料会失去隔热效果，被保护的物体温度会迅速升温。

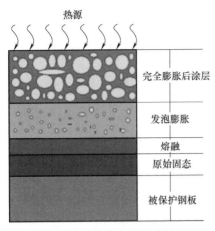

图 11-1 膨胀型防火涂料

图 11-2 非膨胀型防火涂料

11.3.3 钢结构涂料的选用

现行国家标准《建筑钢结构防火技术规范》GB 51249：

4.1.3 钢结构采用喷涂防火涂料保护时，应符合下列规定：

1 室内隐蔽构件，宜选用非膨胀型防火涂料；

2 设计耐火极限大于1.50h的构件，不宜选用膨胀型防火涂料；

3 室内、半室外钢结构采用膨胀型防火涂料时，应选用符合环境对其性能要求的产品；

4 非膨胀型防火涂料涂层的厚度不应小于10mm；

5 防火涂料与防腐涂料应相容、匹配。

11.3.4 高温下防火构件涂料的特性

具有防火保护的钢构件在高温下的极限变形是 $L/20$，称之为耐火承载力极限状态（详见现行国家标准《钢结构防火涂料》GB 14907）。这个变形值远超过钢构件在正常使用状态下的变形限值，比如挠度的 1/400、1/250 和侧移的 1/500、1/800 等。因此，防火涂料的性能评价中，除了发挥防火隔热作用的"耐火性能"之外，最重要的就是在高温大变形发展过程中，需要防火涂料依然能够完整、完好地附着在钢材表面，而小脱落的"粘结性能"与大变形协调而小开裂的"变形性能"，二者统称为防火涂料的"工作性能"，没有良好的工作性能，防火涂料的耐火性能就无法发挥作用。因此，防火设计时，需要对防火涂料的"耐火性能"和"工作性能"分别提出设计要求。现行国家标准《建筑钢结构防火技术规范》GB 51249 规定要注明"防火材料的性能指标"是指涂料的"干密度、粘结强度和抗压强度"。

防火涂料和普通建筑材料的区别：防火涂料在钢构件发生 $L/20$ 大变形过程中，"涂料不脱落的高粘结性"和"涂料不开裂的高形变性"，是防火涂料区别于普通建筑材料的最大不同点，也是防火涂料最重要的特性，更是反映防火涂料性能品质高低的关键点。

在涂料耐火性能一致的情况下，明确厚型涂料的类别是石膏基还是水泥基，是反映了对涂料综合性能的要求，等同于同等强度钢材是选用碳素钢、低合金钢还是高建钢的情况。

11.3.5 钢结构防火涂料的耐火性能分级

现行国家标准《钢结构防火涂料》GB 14907：

4.2.1 钢结构防火涂料的耐火极限分为：0.50h、1.00h、1.50h、2.00h、2.50h 和 3.00h。

4.2.2 钢结构防火涂料耐火性能分级代号见表1。

表1 耐火性能分级代号

耐火极限(F_r) h	耐火性能分级代号	
	普通钢结构防火涂料	特种钢结构防火涂料
$0.50 \leqslant F_r < 1.00$	$F_p 0.50$	$F_t 0.50$
$1.00 \leqslant F_r < 1.50$	$F_p 1.00$	$F_t 1.00$
$1.50 \leqslant F_r < 2.00$	$F_p 1.50$	$F_t 1.50$
$2.00 \leqslant F_r < 2.50$	$F_p 2.00$	$F_t 2.00$
$2.50 \leqslant F_r < 3.00$	$F_p 2.50$	$F_t 2.50$
$F_r \geqslant 3.00$	$F_p 3.00$	$F_t 3.00$

注：F_p采用建筑纤维类火灾升温试验条件；F_t采用烃类(HC)火灾升温试验条件。

5.2.3 钢结构防火涂料的耐火性能应符合表4的规定。

表4 钢结构防火涂料的耐火性能

产品分类	耐火性能									缺陷类别
	膨胀型				非膨胀型					
普通钢结构防火涂料	$F_p 0.50$	$F_p 1.00$	$F_p 1.50$	$F_p 2.00$	$F_p 0.50$	$F_p 1.00$	$F_p 1.50$	$F_p 2.00$	$F_p 2.50$	$F_p 3.00$	A
特种钢结构防火涂料	$F_t 0.50$	$F_t 1.00$	$F_t 1.50$	$F_t 2.00$	$F_t 0.50$	$F_t 1.00$	$F_t 1.50$	$F_t 2.00$	$F_t 2.50$	$F_t 3.00$	

注：耐火性能试验结果适用于同种类型且截面系数更小的基材。

解读：从以上表格可以看出，膨胀型防火涂料的最高耐火性能是F2.00，对应耐火时间区间是 $2.0h \leqslant F2.00 < 2.5h$。也就是在国家标准中，膨胀型耐火性能没有2.5h的分级，即不对2.5h的膨胀型进行认定和评定，那么膨胀型也不被允许使用在2.5h及以上耐火极限构件上，而只能最高用于2.0h构件。

11.4 钢结构的防火设计

11.4.1 常用钢结构防火术语

现行国家标准《建筑钢结构防火技术规范》GB 51249：

2.1.1 耐火钢 fire-resisant steel
在600℃温度时的屈服强度不小于其常温屈服强度2/3的钢材。

2.1.5 截面形状系数 section factor

钢构件的受火表面积与其相应的体积之比。

2.1.10 耐火承载力极限状态 fire limit state
结构或构件受火灾作用达到不能承受外部作用或不适于继续承载的变形的状态。

2.1.11 荷载比 load ratio
火灾下结构或构件的荷载效应设计值与其常温下的承载力设计值的比值。

2.1.12 临界温度 critical temperature
钢构件受火灾作用达到其耐火承载力极限状态时的温度。

11.4.2 厂房建筑的耐火等级

现行国家标准《建筑设计防火规范》GB 50016：

3.2.2 高层厂房，甲、乙类厂房的耐火等级不应低于二级，建筑面积不大于 $300m^2$ 的独立甲、乙类单层厂房可采用三级耐火等级的建筑。

3.2.3 单、多层丙类厂房和多层丁、戊类厂房的耐火等级不应低于三级。

解读：对于多层丁、戊类厂房，规范规定其耐火等级为三级，暗含对于单层丁、戊类厂房耐火等级可为四级。

使用或产生丙类液体的厂房和有火花、赤热表面、明火的丁类厂房，其耐火等级均不应低于二级；当为建筑面积不大于 $500m^2$ 的单层丙类厂房或建筑面积不大于 $1000m^2$ 的单层丁类厂房时，可采用三级耐火等级的建筑。

3.2.4 使用或储存特殊贵重的机器、仪表、仪器等设备或物品的建筑，其耐火等级不应低于二级。

3.2.7 高架仓库、高层仓库、甲类仓库、多层乙类仓库和储存可燃液体的多层丙类仓库，其耐火等级不应低于二级。

2.1.5 高架仓库 high rack stage
货架高度大于7m且采用机械化操作或自动化控制的货架仓库。

解读：单层乙类仓库，单、多层丙类仓库和多层丁、戊类仓库，其耐火等级不应低于三级。

对于多层丁、戊类仓库，规范规定其耐火等级为三级，暗含对于单层丁、戊类仓库耐火等级可为四级。

3.2.8 粮食筒仓的耐火等级不应低于二级；二级耐火等级的粮食筒仓可采用钢板仓。粮食平房仓的耐火等级不应低于三级；二级耐火等级的散装粮食平房仓可采用无防火保护的金属承重构件。

不同厂房和仓库建筑耐火等级要求见表 11-1。

不同厂房和仓库建筑耐火等级要求 表 11-1

名　　称	最低耐火等级	备　注
高层厂房	二级	
甲、乙类厂房	二级	建筑面积≤$300m^2$ 的独立甲、乙类单层厂房可采用三级耐火极限建筑
使用或产生丙类液体的厂房和有火花、赤热表面、明火的丁类厂房	二级	当为建筑面积≤$500m^2$ 的单层丙类厂房或建筑面积≤$1000m^2$ 的单层丁类厂房时,可采用三级耐火等级的建筑

续表

名称	最低耐火等级	备注
使用或储存特殊贵重的机器、仪表、仪器等设备或物品的建筑	二级	
锅炉房	二级	当为燃煤锅炉房且锅炉的总蒸发量≤4t/h时,可采用三级耐火等级的建筑
油浸变压器室、高压配电装置室	二级	当其他防火设计应符合现行国家标准《火力发电厂与变电站设计防火标准》GB 50229等标准的规定
高架仓库、高层仓库、甲类仓库、多层乙类仓库、储存可燃液体的多层丙类仓库	二级	
粮食筒仓	二级	二级耐火等级时可采用钢板仓
散装粮食平房仓	二级	二级耐火等级时可采用无防火保护的金属承重构件
单、多层丙类厂房和多层丁、戊类厂房	三级	
单层乙类仓库,单、多层丙类仓库和多层丁、戊类仓库	三级	
粮食平房仓	三级	

提示：厂房甲、乙、丙、丁、戊类别划分详见11.4.4节。

11.4.3 厂房构件的耐火极限

现行国家标准《建筑设计防火规范》GB 50016：

3.2.1 厂房和仓库的耐火等级可分为一、二、三、四级，相应建筑构件的燃烧性能和耐火极限，除本规范另有规定外，不应低于表3.2.1的规定。

表3.2.1 不同耐火等级厂房和仓库建筑构件的燃烧性能和耐火极限（h）

构件名称		耐火等级			
		一级	二级	三级	四级
墙	防火墙	不燃性 3.00	不燃性 3.00	不燃性 3.00	不燃性 3.00
	非承重外墙 房间隔墙	不燃性 0.75	不燃性 0.50	难燃性 0.50	难燃性 0.25
柱		不燃性 3.00	不燃性 2.50	不燃性 2.00	难燃性 0.50
梁		不燃性 2.00	不燃性 1.50	不燃性 1.00	难燃性 0.50
楼板		不燃性 1.50	不燃性 1.00	不燃性 0.75	难燃性 0.50
屋顶承重构件		不燃性 1.50	不燃性 1.00	难燃性 0.50	可燃性
疏散楼梯		不燃性 1.50	不燃性 1.00	不燃性 0.75	可燃性
吊顶(包括吊顶搁栅)		不燃性 0.25	难燃性 0.25	难燃性 0.15	可燃性

注：本表对规范表示进行了精简。

注意：相应建筑构件也就是厂房和仓库中建筑构件的耐火等级同建筑的耐火等级。

3.2.9 甲、乙类厂房和甲、乙、丙类仓库内的防火墙，其耐火极限不应低于4.00h。

3.2.10 一、二级耐火等级单层厂房（仓库）的柱，其耐火极限分别不应低于2.50h和2.00h。

3.2.11 采用自动喷水灭火系统全保护的一级耐火等级单、多层厂房（仓库）的屋顶承重构件，其耐火极限不应低于1.00h。

现行国家标准《建筑钢结构防火技术规范》GB 51249：

3.1.1 钢结构构件的设计耐火极限应根据建筑的耐火等级，按现行国家标准《建筑设计防火规范》GB 50016的规定确定。柱间支撑的设计耐火极限应与柱相同，楼盖支撑的设计耐火极限应与梁相同，屋盖支撑和系杆的设计耐火极限应与屋顶承重构件相同。

表11-2为汇总表。

构件的设计耐火极限（h） 表11-2

构件类型	建筑耐火等级					
	一级	二级	三级		四级	
柱、柱间支撑	3.00	2.50	2.00		0.50	
楼面梁、楼面桁架、楼盖支撑	2.00	1.50	1.00		0.50	
楼板	1.50	1.00	厂房、仓库	民用建筑	厂房、仓库	民用建筑
			0.75	0.50	0.50	不要求
屋顶承重构件、屋盖支撑、系杆	1.50	1.00	厂房、仓库	民用建筑	不要求	
			0.50	不要求		
上人平屋面板	1.50	1.00	不要求		不要求	
疏散楼梯	1.50	1.00	厂房、仓库	民用建筑	不要求	
			0.75	0.50		

注：1. 建筑物中的墙等其他建筑构件的设计耐火极限应符合现行国家标准《建筑设计防火规范》GB 50016的规定；

2. 一、二级耐火等级的单层厂房（仓库）的柱，其设计耐火极限可按表11-2规定降低0.50h；

3. 一级耐火等级的单层、多层厂房（仓库）设置自动喷水灭火系统时，其屋顶承重构件的设计耐火极限可按表11-2规定降低0.50h；

4. 吊车梁的设计耐火极限不应低于表11-2中梁的设计耐火极限。

解读： ① 第一类檩条，檩条仅对屋面板起支承作用。此类檩条破坏，仅影响局部屋面板，对屋盖结构整体受力性能影响很小，即使在火灾中出现破坏，也不会造成结构整体失效。因此，不应视为屋盖主要结构体系的一个组成部分。对于这类檩条，其耐火极限可不作要求。

② 第二类檩条，檩条除支承屋面板外，还兼作纵向系杆，对主结构（如屋架）起到侧向支撑作用；或者作为横向水平支撑开间的腹杆。此类檩条破坏可能导致主体结构失去整体稳定性，造成整体倾覆。因此，此类檩条应视为屋盖主要结构体系的一个组成部分，其设计耐火极限应按表11-2对"屋盖支撑、系杆"的要求取值。

3.1.2 钢结构构件的耐火极限经验算低于设计耐火极限时，应采取防火保护措施。

解读： 通常，无防火保护钢构件的耐火时间为0.25～0.50h，达不到绝大部分建筑构件的设计耐火极限，需要进行防火保护。防火保护应根据工程实际选用合理的防火保护方法、材料和构造措施，做到安全适用、技术先进、经济合理。防火保护层的厚度应通过构件耐火验算确定，保证构件的耐火极限达到规定的设计耐火极限。

3.1.3 钢结构节点的防火保护应与被连接构件中防火保护要求最高者相同。

解读：基于"强节点、弱构件"的设计原则，规定节点的防火保护要求及其耐火性能均不应低于被连接构件中要求的最高者。例如，采用防火涂料保护时，节点处防火涂层的厚度不应小于所连接构件防火涂层的最大厚度。

11.4.4 火灾危险性分类

现行国家标准《建筑设计防火规范》GB 50016：

3.1.1 生产的火灾危险性应根据生产中使用或产生的物质性质及其数量等因素划分，可分为甲、乙、丙、丁、戊类，并应符合表3.1.1的规定。

表3.1.1 生产的火灾危险性分类

生产的火灾危险性类别	使用或产生下列物质生产的火灾危险性特征
甲	1. 闪点小于28℃的液体 2. 爆炸下限小于10%的气体 3. 常温下能自行分解或在空气中氧化能导致迅速自燃或爆炸的物质 4. 常温下受到水或空气中水蒸气的作用，能产生可燃气体并引起燃烧或爆炸的物质 5. 遇酸、受热、撞击、摩擦、催化以及遇有机物或硫磺等易燃的无机物，极易引起燃烧或爆炸的强氧化剂 6. 受撞击、摩擦或与氧化剂、有机物接触时能引起燃烧或爆炸的物质 7. 在密闭设备内操作温度不小于物质本身自燃点的生产
乙	1. 闪点不小于28℃，但小于60℃的液体 2. 爆炸下限不小于10%的气体 3. 不属于甲类的氧化剂 4. 不属于甲类的易燃固体 5. 助燃气体 6. 能与空气形成爆炸性混合物的浮游状态的粉尘、纤维、闪点不小于60℃的液体雾滴
丙	1. 闪点不小于60℃的液体 2. 可燃固体
丁	1. 对不燃烧物质进行加工，并在高温或熔化状态下经常产生强辐射热、火花或火焰的生产 2. 利用气体、液体、固体作为燃料或将气体、液体进行燃烧作其他用的各种生产 3. 常温下使用或加工难燃烧物质的生产
戊	常温下使用或加工不燃烧物质的生产

注：上表只适用于厂房，因为厂房一般都是用于生产的，而仓库类只适用于存储。

3.1.3 储存物品的火灾危险性应根据储存物品的性质和储存物品中的可燃物数量等因素划分，可分为甲、乙、丙、丁、戊类，并应符合表3.1.3的规定。

表3.1.3 储存物品的火灾危险性分类

储存物品的火灾危险性类别	储存物品的火灾危险性特征
甲	1. 闪点小于28℃的液体 2. 爆炸下限小于10%的气体，受到水或空气中水蒸气的作用能产生爆炸下限小于10%气体的固体物质 3. 常温下能自行分解或在空气中氧化能导致迅速自燃或爆炸的物质 4. 常温下受到水或空气中水蒸气的作用，能产生可燃气体并引起燃烧或爆炸的物质 5. 遇酸、受热、撞击、摩擦以及遇有机物或硫磺等易燃的无机物，极易引起燃烧或爆炸的强氧化剂 6. 受撞击、摩擦或与氧化剂、有机物接触时能引起燃烧或爆炸的物质

续表

储存物品的火灾危险性类别	储存物品的火灾危险性特征
乙	1. 闪点不小于28℃,但小于60℃的液体 2. 爆炸下限不小于10%的气体 3. 不属于甲类的氧化剂 4. 不属于甲类的易燃固体 5. 助燃气体 6. 常温下与空气接触能缓慢氧化,积热不散引起自燃的物品
丙	1. 闪点不小于60℃的液体 2. 可燃固体
丁	难燃烧物品
戊	不燃烧物品

注:仓库类一般都是用于存储物品的。

3.1.5 丁、戊类储存物品仓库的火灾危险性,当可燃包装重量大于物品本身重量1/4或可燃包装体积大于物品本身体积的1/2时,应按丙类确定。

11.4.5 钢结构的耐火极限状态

现行国家标准《建筑钢结构防火技术规范》GB 51249:

3.2.1 钢结构应按结构耐火承载力极限状态进行耐火验算与防火设计。

解读:钢结构耐火验算与防火设计的验算准则,是基于承载力极限状态。钢结构在火灾下的破坏,本质上是由于随着火灾下钢结构温度的升高,钢材强度下降,其承载力随之下降,致使钢结构不能承受外部荷载、作用而失效破坏。因此,为保证钢结构在设计耐火极限时间内的承载安全,必须进行承载力极限状态验算。

当满足下列条件之一时,应视为钢结构整体达到耐火承载力极限状态:
(1) 钢结构产生足够的塑性铰形成可变机构;
(2) 钢结构整体丧失稳定。

当满足下列条件之一时,应视为钢结构构件达到耐火承载力极限状态:
(1) 轴心受力构件截面屈服;
(2) 受弯构件产生足够的塑性铰而成为可变机构;
(3) 构件整体丧失稳定;
(4) 构件达到不适于继续承载的变形。

解读:火灾下允许钢结构发生较大的变形,不要求进行正常使用极限状态验算。随着温度的升高,钢材的弹性模量急剧下降,在火灾下构件的变形显著大于常温受力状态,按正常使用极限状态来设计钢构件的防火保护是过于严苛的。

3.2.2 钢结构耐火承载力极限状态的最不利荷载(作用)效应组合设计值,应考虑火灾时结构上可能同时出现的荷载(作用),且应按下列组合值中的最不利值确定:

$$S_m = \gamma_{0T}(\gamma_G S_{Gk} + S_{Tk} + \phi_f S_{Qk}) \quad (3.2.2\text{-}1)$$

$$S_m = \gamma_{0T}(\gamma_G S_{Gk} + S_{Tk} + \phi_q S_{Qk} + \phi_w S_{Wk}) \quad (3.2.2\text{-}2)$$

式中:S_m——荷载(作用)效应组合的设计值;

S_{Gk}——按永久荷载标准值计算的荷载效应值;

S_{Tk}——按火灾下结构的温度标准值计算的作用效应值；

S_{Qk}——按楼面或屋面活荷载标准值计算的荷载效应值；

S_{Wk}——按风荷载标准值计算的荷载效应值；

γ_{0T}——结构重要性系数；对于耐火等级为一级的建筑，$\gamma_{0T}=1.1$；对于其他建筑，$\gamma_{0T}=1.0$；

γ_G——永久荷载的分项系数，一般可取$\gamma_G=1.0$；当永久荷载有利时，取$\gamma_G=0.9$；

ϕ_w——风荷载的频遇值系数，取$\phi_w=0.4$；

ϕ_f——楼面或屋面活荷载的频遇值系数，应按现行国家标准《建筑结构荷载规范》GB 50009 的规定取值；

ϕ_q——楼面或屋面活荷载的准永久值系数，应按现行国家标准《建筑结构荷载规范》GB 50009 的规定取值。

11.4.6 钢结构耐火验算采用构件耐火验算

现行国家标准《建筑钢结构防火技术规范》GB 51249：

3.2.3 钢结构的防火设计应根据结构的重要性、结构类型和荷载特征等选用基于整体结构耐火验算或基于构件耐火验算的防火设计方法，并应符合下列规定：

1 跨度不小于 60m 的大跨度钢结构，宜采用基于整体结构耐火验算的防火设计方法。

解读：门式刚架厂房跨度不超过 48m，因此，采用基于构件耐火验算的防火设计方法。

11.4.7 钢结构的耐火验算

现行国家标准《建筑钢结构防火技术规范》GB 51249：

3.2.6 钢结构构件的耐火验算和防火设计，可采用耐火极限法、承载力法或临界温度法，且应符合下列规定：

1 耐火极限法。在设计荷载作用下，火灾下钢结构构件的实际耐火极限不应小于其设计耐火极限，并应按下式进行验算。

$$t_m \geq t_d \quad (3.2.6-1)$$

2 承载力法。在设计耐火极限时间内，火灾下钢结构构件的承载力设计值不应小于其最不利的荷载（作用）组合效应设计值，并应按下式进行验算。

$$R_d \geq S_m \quad (3.2.6-2)$$

3 临界温度法。在设计耐火极限时间内，火灾下钢结构构件的最高温度不应高于其临界温度，并应按下式进行验算。

$$T_d \geq T_m \quad (3.2.6-3)$$

式中：t_m——火灾下钢结构构件的实际耐火极限；

t_d——钢结构构件的设计耐火极限，应按本规范第 3.1.1 条规定确定；

S_m——荷载（作用）效应组合的设计值，应按本规范第 3.2.2 条的规定确定；

R_d——结构构件抗力的设计值，应根据本规范第 7 章、第 8 章的规定确定；

T_m——在设计耐火极限时间内构件的最高温度，应根据本规范第 6 章的规定确定；

T_{d}——构件的临界温度，应根据本规范第7章、第8章的规定确定。

解读： 本条给出了构件耐火验算时的三种方法。耐火极限法是通过比较构件的实际耐火极限和设计耐火极限，来判定构件的耐火性能是否符合要求，并确定其防火保护。结构受火作用是一个恒载升温的过程，即先施加荷载，再施加温度作用。模拟恒载升温，对于试验来说操作方便，但是对于理论计算来说则需要进行多次计算比较。为了简化计算，可采用直接验算构件在设计耐火极限时间内是否满足耐火承载力极限状态要求。火灾下随着构件温度的升高，材料强度下降，构件承载力也将下降；当构件承载力降至最不利组合效应时，构件达到耐火承载力极限状态。构件从受火到达到耐火承载力极限状态的时间即构件的耐火极限；构件达到其耐火承载力极限状态时的温度即构件的临界温度。因此，式（3.2.6-1）～式（3.2.6-3）的耐火验算结果是完全相同的，耐火验算时只需采用其中之一即可。

11.5 如何运用PKPM实现防火设计

11.5.1 PKPM采用何种耐火验算方法

PKPM程序采用临界温度法进行耐火验算。后面我们将会看到，采用临界温度法可以最快捷地计算出防火保护层所需要的最小厚度或等效热阻。

11.5.2 PKPM进行耐火设计时的关键参数（以膨胀型涂料为例）

与钢材有关的几个参数（图11-3）：

图11-3 钢结构参数输入与修改

本案例厂房属于戊类，故建筑耐火等级为四级。

(1) $T_{\mathrm{g}0}$——火灾前室内环境的温度（℃），可取20℃。

见现行国家标准《建筑钢结构防火技术规范》GB 51249 第6.1.1条。

(2) α_{c}——热对流传热系数[W/(m²·℃)]，可取25W/(m²·℃)。

见现行国家标准《建筑钢结构防火技术规范》GB 51249 第6.2.1条。

(3) Δ_{t}——火灾升温计算（时间）步长（s），取值不宜大于5s。

见现行国家标准《建筑钢结构防火技术规范》GB 51249 第6.2.1条。

(4) c_{s}——钢材比热（容）[J/(kg·℃)]，取值600J/(kg·℃)。

见现行国家标准《建筑钢结构防火技术规范》GB 51249 第5.1.1条。

与涂料有关的几个参数（图11-4）：

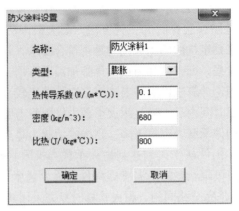

图 11-4 防火涂料设置

如果有具体厂家的涂料产品物理性能，请按照给定数值填写，如果没有，可参考下面数值执行。

λ_s——热传导系数 [W/(m·℃)]，取值 0.1~0.2W/(m·℃)。

密度（kg/m³）：干密度一般≤500kg/m³，考虑溶剂后可按照默认数值。

比热（容）[J/(kg·℃)]，取值 800~1000J/(kg·℃)。

11.5.3 PKPM 钢构件防火计算结果

钢构件防火设计结果：

偶然组合

组合号	柱下端			柱上端		
	M	N	V	M	N	V
1	0.00	41.68	−12.26	−126.31	−32.07	12.26
2	0.00	79.89	−23.70	−244.16	−70.28	23.70
3	0.00	79.89	−23.70	−244.16	−70.28	23.70
4	0.00	40.59	−14.34	−147.66	−30.98	14.34
5	0.00	37.51	−11.04	−113.68	−28.86	11.04
6	0.00	75.72	−22.48	−231.53	−67.07	22.48
7	0.00	75.72	−22.48	−231.53	−67.07	22.48
8	0.00	36.42	−13.11	−135.03	−27.77	13.11
9	0.00	20.48	−1.09	−37.70	−10.87	6.24
10	0.00	31.84	−12.48	−91.40	−22.23	5.27
11	0.00	26.37	−1.26	−61.81	−16.76	10.75
12	0.00	37.76	−12.79	−116.22	−28.15	9.78
13	0.00	16.32	0.14	−25.07	−7.67	5.01
14	0.00	27.67	−11.25	−78.77	−19.02	4.04
15	0.00	22.20	−0.03	−49.18	−13.55	9.52
16	0.00	33.59	−11.56	−103.59	−24.94	8.55

防火设计控制的偶然组合号：2，M＝0.00，N＝79.89，M＝－244.16，N＝－70.28
强度计算荷载比＝0.25
平面内稳定计算荷载比＝0.26
平面外稳定计算荷载比＝0.31
无防护下钢构件最大升温（Ts）：835.07℃，按临界温度法求得临界温度（Td）：646.25℃
钢构件需要进行防火保护
计算所需等效热阻（Ri）＝0.0563（m²·℃/W）

从PKPM抗火计算中可以得出所需膨胀型防火涂料的等效热阻，再根据所需涂料的等效热阻值，确定满足该值的膨胀型防火涂料产品和厚度。

补充：生产厂家应在产品说明书中给出表11-3所示形式的膨胀型防火涂料的等效热阻。

膨胀型防火涂料的热阻 R_i（m²·℃/W）　　　　　表11-3

耐火极限(h) \ 涂料厚度(mm)	超薄型膨胀涂料				薄型膨胀涂料				
	1.5	2.0	2.5	3.0	3.0	4.0	5.0	6.0	7.0
0.5									
1.0									
1.5									

膨胀型防火涂料在设计耐火极限不高于1.5h时，具有较好的经济性。目前国际上也有少数膨胀型防火涂料产品，能满足设计耐火极限3.0h的钢构件的防火保护需要，但是其价格较高。膨胀型防火涂料在近20年取得了很大的发展，在钢结构防火保护工程中的市场份额越来越大。

对于非膨胀型涂料，软件可以直接计算出所需的防火保护层的厚度，并在计算结果中予以输出。

11.6 钢结构的防腐蚀设计

《门规》：

12.3 涂装

12.3.1 设计时应对构件的基材种类、表面除锈等级、涂层结构、涂层厚度、涂装方法、使用状况以及预期耐蚀寿命等综合考虑，提出合理的除锈方法和涂装要求。

12.3.2 钢材表面原始锈蚀等级，除锈方法与等级要求应符合现行国家标准《涂覆涂料前钢材表面处理　表面清洁度的目视测定　第1部分：未涂覆过的钢材表面和全面清除原有涂层后的钢材表面的锈蚀等级和处理等级》GB/T 8923.1的规定。

12.3.3 处于弱腐蚀环境和中等腐蚀环境的承重构件，工厂制作涂装前，其表面应采用喷射或抛射除锈方法，除锈等级不应低于Sa2；现场采用手工和动力工具除锈方法，除锈等级不应低于St2。

12.3.4 钢结构除锈和涂装工程应在构件制作质量经检验合格后进行。表面处理后到涂底漆的时间间隔不应超过4h，处理后的钢材表面不应有焊渣、灰尘、油污、水和毛刺等。

12.3.5 应根据环境侵蚀性分类和钢结构涂装系统的设计使用年限合理选用涂料品种。

12.3.6 当环境腐蚀作用分类为弱腐蚀和中等腐蚀时,室内外钢结构漆膜干膜总厚度分别不宜小于125μm和150μm,位于室外和有特殊要求的部位,宜增加涂层厚度20μm~40μm,其中室内钢结构底漆厚度不宜小于50μm,室外钢结构底漆厚度不宜小于75μm。

12.3.7 涂装应在适宜的温度、湿度和清洁环境中进行。涂装固化温度应符合涂料产品说明书的要求;当产品说明书无要求时,涂装固化温度为5℃~38℃。施工环境相对湿度大于85%时不得涂装。漆膜固化时间与环境温度、相对湿度和涂料品种有关,每道涂层涂装后,表面至少在4h内不得被雨淋和沾污。

12.3.8 涂层质量及厚度的检查方法应按现行国家标准《漆膜附着力测定法》GB 1720或《色漆和清漆 漆膜的划格试验》GB/T 9286的规定执行,并应按构件数的1%抽查,且不应少于3件,每件检测3处。

12.3.9 涂装完成后,构件的标志、标记和编号应清晰完整。

12.3.10 涂装工程验收应包括在中间检查和竣工验收中。

12.4 钢结构防腐其他要求

12.4.1 宜采用易于涂装和维护的实腹式或闭口构件截面形式,闭口截面应进行封闭;当采用缀合截面的杆件时,型钢间的空隙宽度应满足涂装施工和维护的要求。

12.4.2 对于屋面檩条、墙梁、隅撑、拉条等冷弯薄壁构件,以及压型钢板,宜采用表面热浸镀锌或镀铝锌防腐。

12.4.3 采用热浸镀锌等防护措施的连接件及构件,其防腐蚀要求不应低于主体结构,安装后宜采用与主体结构相同的防腐蚀措施,连接处的缝隙,处于不低于弱腐蚀环境时,应采取封闭措施。

12.4.4 采用镀锌防腐时,室内钢构件表面双面镀锌量不应小于$275g/m^2$;室外钢构件表面双面镀锌量不应小于$400g/m^2$。

12.4.5 不同金属材料接触的部位,应采取避免接触腐蚀的隔离措施。

12 钢结构的制作、运输、安装与验收

12.1 钢结构的制作

《门规》：
13.1 一般规定
13.1.1 钢材抽样复验、焊接材料检查验收、钢结构的制作应按现行国家标准《钢结构工程施工质量验收规范》GB 50205 和《钢结构工程施工规范》GB 50755 的规定执行。
13.1.2 钢结构所采用的钢材、辅材、连接和涂装材料应具有质量证明书，并应符合设计文件和国家现行有关标准的规定。
13.1.3 钢构件在制作前，应根据设计文件、施工详图的要求和制作单位的技术条件编制加工工艺文件，制定合理的工艺流程和建立质量保证体系。
13.2 钢构件加工
13.2.1 材料放样、号料、切割、标注时应根据设计和工艺要求进行。
13.2.2 焊条、焊丝等焊接材料应根据材质、种类、规格分类堆放在干燥的焊材储藏室，保持完好整洁。
13.2.3 焊接 H 型截面构件时，翼缘和腹板以及端板必须校正平直。焊接变形过大的构件，可采用冷作或局部加热方式矫正。
13.2.4 过焊孔宜用锁口机加工，也可采用划线切割，其切割面的平面度、割纹深度及局部缺口深度均应符合现行国家标准《钢结构工程施工质量验收规范》GB 50205 的规定。
13.2.5 较厚钢板上数量较多的相同孔组宜采用钻模的方式制孔，较薄钢板和冷弯薄壁型钢构件宜采用冲孔的方式制孔。冷弯薄壁型钢构件上两孔中心间距不得小于 80mm。
13.2.6 冷弯薄壁型钢的切割面和剪切面应无裂纹、锯齿和大于 5mm 的非设计缺角。冷弯薄壁型钢切割允许偏差应为 ±2mm。
13.3 构件外形尺寸
13.3.1 钢构件外观要求无明显弯曲变形，翼缘板、端部边缘平直。翼缘表面和腹板表面不应有明显的凹凸面、损伤和划痕，以及焊瘤、油污、泥砂、毛刺等。
13.3.2 单层钢柱外形尺寸的偏差不应大于表 13.3.2 规定的允许偏差。
13.3.3 焊接实腹梁外形尺寸的偏差不应大于表 13.3.3 规定的允许偏差。
13.3.4 檩条和墙梁外形尺寸的偏差不应大于表 13.3.4 规定的允许偏差。
13.3.5 压型金属板的偏差不应大于表 13.3.5 规定的允许偏差。
13.3.6 金属泛水和收边件的几何尺寸偏差不应大于表 13.3.6 规定的允许偏差。
13.4 构件焊缝
13.4.1 钢结构构件的各种连接焊缝，应根据产品加工图样要求的焊缝质量等级选择

相应的焊接工艺进行施焊，在产品加工时，同一断面上拼板焊缝间距不宜小于200mm。

13.4.2 焊接作业环境应符合现行国家标准《钢结构焊接规范》GB 50661的有关规定。

13.4.3 焊缝无损探伤应按国家现行标准《焊缝无损检测 超声检测 技术、检测等级和评定》GB/T 11345和《钢结构超声波探伤及质量分级法》JG/T 203的规定进行探伤。

13.4.4 经探伤检验不合格的焊缝，除应将不合格部位的焊缝返修外，尚应加倍进行复检；当复检仍不合格时，应将该焊缝进行100%探伤检查。

12.2 钢结构的运输、安装与验收

《门规》：

14.1 一般规定

14.1.1 钢结构的运输与安装应按施工组织设计进行，运输与安装程序必须保证结构的稳定性和不导致永久性变形。

14.1.2 钢构件安装前，应对构件的外形尺寸，螺栓孔位置及直径、连接件位置、焊缝、摩擦面处理、防腐涂层等进行详细检查，对构件的变形、缺陷，应在地面进行矫正、修复，合格后方可安装。

14.1.3 钢结构安装过程中，现场进行制孔、焊接、组装、涂装等工序的施工应符合现行国家标准《钢结构工程施工质量验收规范》GB 50205的有关规定。

14.1.4 钢结构构件在运输、存放、吊装过程损坏的涂层，应先补涂底漆，再补涂面漆。

14.1.5 钢构件在吊装前应清除表面上的油污、冰雪、泥沙和灰尘等杂物。

14.2 安装与校正

14.2.1 钢结构安装前应对房屋的定位轴线，基础轴线和标高，地脚螺栓位置进行检查，并应进行基础复测和与基础施工方办理交接验收。

14.2.2 刚架柱脚的锚栓应采用可靠方法定位，房屋的平面尺寸除应测量直角边长外，尚应测量对角线长度。在钢结构安装前，均应校对锚栓的空间位置，确保基础顶面的平面尺寸和标高符合设计要求。

14.2.4 柱基础二次浇筑的预留空间，当柱脚铰接时不宜大于50mm，柱脚刚接时不宜大于100mm。柱脚安装时柱标高精度控制，可采用在底板下的地脚螺栓上加调整螺母的方法进行（图14.2.4）。

14.2.5 门式刚架轻型房屋钢结构在安装过程中，应根据设计和施工工况要求，采取措施保证结构整体稳固性。

14.2.6 主构件的安装应符合下列规定：

1 安装顺序宜先从靠近山墙的有柱间支撑的两端刚架开始。在刚架安装完毕后应将其间的檩条、支撑、隅撑等全部装好，并检查其垂直度。以这两榀刚架为起点，向房屋另一端顺序安装。

2 刚架安装宜先立柱子，将在地面组装好的斜梁吊装就位，并与柱连接。

3 钢结构安装在形成空间刚度单元并校正完毕后，应及时对柱底板和基础顶面的空

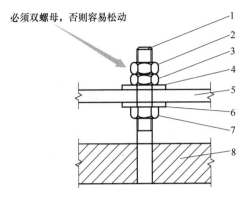

图 14.2.4 柱脚的安装
1—地脚螺栓；2—止退螺母；3—紧固螺母；4—螺母垫板；5—钢柱底板；
6—底部螺母垫板；7—调整螺母；8—钢筋混凝土基础

隙采用细石混凝土二次浇筑。

4 对跨度大、侧向刚度小的构件，在安装前要确定构件重心，应选择合理的吊点位置和吊具，对重要的构件和细长构件应进行吊装前的稳定性验算，并根据验算结果进行临时加固，构件安装过程中宜采取必要的牵拉、支撑、临时连接等措施。

5 在安装过程中，应减少高空安装工作量。在起重设备能力允许的条件下，宜在地面组拼成扩大安装单元，对受力大的部位宜进行必要的固定，可增加铁扁担、滑轮组等辅助手段，应避免盲目冒险吊装。

6 对大型构件的吊点应进行安装验算，使各部位产生的内力小于构件的承载力，不至于产生永久变形。

14.2.7 钢结构安装的校正应符合下列规定：

1 钢结构安装的测量和校正，应事前根据工程特点编制测量工艺和校正方案。

2 刚架柱、梁、支撑等主要构件安装就位后，应立即校正。校正后，应立即进行永久性固定。

14.2.8 有可靠依据时，可利用已安装完成的钢结构吊装其他构件和设备。操作前应采取相应的保证措施。

14.2.9 设计要求顶紧的节点，接触面应有70%的面紧贴，用0.3mm厚塞尺检查，可插入的面积之和不得大于顶紧节点总面积的30%，边缘最大间隙不应大于0.8mm。

14.2.13 主钢结构安装调整好后，应张紧柱间支撑、屋面支撑等受拉支撑构件。

14.3 高强度螺栓

14.3.1 对进入现场的高强度螺栓连接副应进行复检，复检的数据应符合现行国家标准《钢结构工程施工质量验收规范》GB 50205 的规定，对于大六角头高强度螺栓连接副的扭矩系数复检数据除应符合规定外，尚可作为施拧的参数。

14.3.2 对于高强度螺栓摩擦型连接，应按现行国家标准《钢结构工程施工质量验收规范》GB 50205 的规定和设计文件要求对摩擦面的抗滑移系数进行测试。

14.3.3 安装时使用临时螺栓的数量，应能承受构件自重和连接校正时外力作用，每个节点上穿入的数量不宜少于2个。连接用高强度螺栓不得兼作临时螺栓。

14.3.4 高强度螺栓的安装严禁强行敲打入孔，扩孔可采用合适的铰刀及专用扩孔工具进行，修正后的最大孔径应小于1.2倍螺栓直径，不应采用气割扩孔。

14.3.5 高强度螺栓连接的钢板接触面应平整，接触面间隙小于1.0mm时可不处理；1.0mm～3.0mm时，应将高出的一侧磨成1：10的斜面，打磨方向应与受力方向垂直；大于3.0mm的间隙应加垫板，垫板两面的处理方法应与连接板摩擦面处理方法相同。

14.3.6 高强度螺栓连接副的拧紧应分为初拧、复拧、终拧，宜按由螺栓群节点中心位置顺序向外缘拧紧的方法施拧，初拧、复拧、终拧应在24h内完成。

14.3.7 大六角头高强度螺栓施工扭矩的验收，可先在螺杆和螺母的侧面划一直线，然后将螺母拧松约60°，再用扭矩扳手重新拧紧，使端线重合，此时测得的扭矩应在施工前测得扭矩±10%范围内方为合格。

14.3.8 每个节点扭矩抽检螺栓连接副数应为10%，且不应少于一个螺栓连接副。抽验不符合要求的，应重新抽样10%检查，当仍不合格，欠拧、漏拧的应补拧，超拧的应更换螺栓。扭矩检查应在施工1h后，24h内完成。

14.4 焊接及其他紧固件

14.4.1 安装定位焊接应符合下列规定：

1 现场焊接应由具有焊接合格证的焊工操作，严禁无合格证者施焊；
2 采用的焊接材料型号应与焊件材质相匹配；
3 焊缝厚度不应超过设计焊缝高度的2/3，且不应大于8mm；
4 焊缝长度不宜小于25mm。

14.4.2 普通螺栓连接应符合下列规定：

1 每个螺栓一端不得垫两个以上垫圈，不得用大螺母代替垫圈；
2 螺栓拧紧后，尾部外露螺纹不得少于2个螺距；
3 螺栓孔不应采用气割扩孔。

14.4.3 当构件的连接为焊接和高强度螺栓混用的连接方式时，应按先栓接后焊接的顺序施工。

14.4.4 自钻自攻螺钉、拉铆钉、射钉等与连接钢板应紧固密贴，外观排列整齐。其规格尺寸应与被连接钢板相匹配，其间距、边距等应符合设计要求。

14.4.5 射钉、拉铆钉、地脚锚栓应根据制造厂商的相关技术文件和设计要求进行工程质量验收。

14.5 檩条和墙梁的安装

14.5.1 根据安装单元的划分，主构件安装完毕后应立即进行檩条、墙梁等次构件的安装。

14.5.2 除最初安装的两榀刚架外，其余刚架间檩条、墙梁和檐檩等的螺栓均应在校准后再拧紧。

14.5.3 檩条和墙梁安装时，应及时设置撑杆或拉条并拉紧，但不应将檩条和墙梁拉弯。

14.5.4 檩条和墙梁等冷弯薄壁型钢构件吊装时应采取适当措施，防止产生永久变形，并应垫好绳扣与构件的接触部位。

14.5.5 不得利用已安装就位的檩条和墙梁构件起吊其他重物。

14.6 围护系统安装

14.6.1 在安装墙板和屋面板时，墙梁和檩条应保持平直。

14.6.2 隔热材料应平整铺设，两端应固定到结构主体上，采用单面隔汽层时，隔汽层应置于建筑物的内侧。隔汽层的纵向和横向搭接处应粘接或缝合。位于端部的毡材应利用隔汽层反折封闭。当隔汽层材料不能承担隔热材料自重时，应在隔汽层下铺设支承网。

14.6.3 固定式屋面板与檩条连接及墙板与墙梁连接时，螺钉中心距不宜大于300mm。房屋端部与屋面板端头连接，螺钉的间距宜加密。屋面板侧边搭接处钉距可适当放大，墙板侧边搭接处钉距可比屋面板侧边搭接处进一步加大。

14.6.4 在屋面板的纵横方向搭接处，应连续设置密封胶条。檐口处的搭接边除设置胶条外，尚应设置与屋面板剖面形状相同的堵头。

14.6.5 在角部、屋脊、檐口、屋面板孔口或突出物周围，应设置具有良好密封性能和外观的泛水板或包边板。

14.6.6 安装压型钢板屋面时，应采取有效措施将施工荷载分布至较大面积，防止因施工集中荷载造成屋面板局部压屈。

14.6.7 在屋面上施工时，应采用安全绳等安全措施，必要时应采用安全网。

14.6.8 压型钢板铺设要注意常年风向，板肋搭接应与常年风向相背。

14.6.9 每安装5块～6块压型钢板，应检查板两端的平整度，当有误差时，应及时调整。

14.7 验收

14.7.1 根据现行国家标准《建筑工程施工质量验收统一标准》GB 50300 的规定，钢结构应按分部工程竣工验收，大型钢结构工程可划分成若干个子分部工程进行竣工验收。

14.7.2 钢结构分部工程合格质量标准应符合下列规定：

1 各分项工程质量均应符合合格质量标准；

2 质量控制资料和文件应完整；

3 各项检验应符合现行国家标准《钢结构工程施工质量验收规范》GB 50205 的规定。

14.7.3 钢结构分部工程竣工验收时，应提供下列文件和记录：

1 钢结构工程竣工图纸及相关设计文件；

2 施工现场质量管理检查记录；

3 有关安全及功能的检验和见证检测项目检查记录；

4 有关观感质量检验项目检查记录；

5 分部工程所含各分项工程质量验收记录；

6 分项工程所含各检验批质量验收记录；

7 强制性条文检验项目检查记录及证明文件；

8 隐蔽工程检验项目检查验收记录；

9 原材料、成品质量合格证明文件、中文标志及性能检测报告；

10 不合格项的处理记录及验收记录；

11 重大质量、技术问题实施方案及验收记录；

12 其他有关文件和记录。

14.7.4 钢结构工程质量验收记录应符合下列规定：

1 施工现场质量管理检查记录应按现行国家标准《建筑工程施工质量验收统一标准》GB 50300的有关规定执行；

2 分项工程验收记录应按现行国家标准《建筑工程施工质量验收统一标准》GB 50300的有关规定执行；

3 分项工程验收批验收记录应按现行国家标准《钢结构工程施工质量验收规范》GB 50205的有关规定执行；

4 分部（子分部）工程验收记录应按现行国家标准《建筑工程施工质量验收统一标准》GB 50300的有关规定执行。

参 考 文 献

[1] 《钢结构设计手册》编辑委员会. 钢结构设计手册（上册）[M]. 第四版. 北京：中国建筑工业出版社，2019.
[2] 李星荣，秦斌. 钢结构连接节点设计手册 [M]. 第四版. 北京：中国建筑工业出版社，2019.
[3] 张相勇. 建筑钢结构设计方法与实例解析 [M]. 北京：中国建筑工业出版社，2013.
[4] 陈绍蕃，顾强. 钢结构（上册）——钢结构基础 [M]. 北京：中国建筑工业出版社，2014.